Jay
with compliments
[illegible]
20.06.12

Meine ZOOGESCHICHTE(N)

Von der Menagerie zum Naturschutzzentrum

Meiner Frau Karin, die sich auf mich und mit mir auf das Abenteuer Zoo eingelassen hat, in Dankbarkeit und Liebe.

GUNTHER NOGGE

Meine ZOOGESCHICHTE(N)

Von der Menagerie zum Naturschutzzentrum

Signé LINGEN

Was macht eigentlich ein Zoodirektor? Und wie wird man überhaupt Zoodirektor? Abgesehen von „Und was ist Ihr Lieblingstier?", sind dies die beiden Fragen, die einem Zoodirektor am häufigsten gestellt werden. Im Rückblick auf eine 25-jährige Tätigkeit als Zoodirektor in Köln wollte ich diese Fragen beantworten. Daraus ist ein Buch entstanden, das sozusagen einen Blick hinter die Kulissen gewährt, einen Einblick in den Zoobetrieb, von dem der Zoobesucher, der sich beim Gang durch einen Zoo an den Tieren erfreut, meist nichts ahnt.

Zoologische Gärten blicken ja auf eine jahrhundertelange Geschichte zurück. In dieser langen Zeit hat sich nicht nur ihr äußeres Erscheinungsbild verändert, d.h., die Haltungsbedingungen der Tiere haben sich verbessert und die Art und Weise ihrer Präsentation gegenüber dem Publikum hat sich verändert, sondern auch die sie tragende Philosophie, ihr Selbstverständnis und ihre Aufgabenstellung. Während des letzten Vierteljahrhunderts aber haben die Zoos eine so dramatische Entwicklung durchgemacht wie in ihrer ganzen Geschichte davor nicht. Sie haben sich nämlich von der Menagerie alter Zeit zum Naturschutzzentrum gewandelt.

So spiegelt dieses Buch ein Stück, und zwar sehr spannender Zoogeschichte wider. Erzählt wird sie in Geschichten, hier also in Kapiteln. Auf ein einführendes Kapitel zur Frage, wie und warum ich denn Zoodirektor geworden bin, folgen die Hauptkapitel, die sich mit den Aufgaben befassen, denen sich die wissenschaftlich geleiteten Zoos verpflichtet fühlen, seit sie die New Yorker Wildlife Conservation Society vor gut hundert Jahren für ihren Zoo in der Bronx definiert hat: Education – Research – Conservation. Es geht also um Artenschutz, die Entwicklung von Tierpopulationen, die sich durch Zucht selbst erhalten, um die Zoos unabhängig von der Zufuhr von Wildfängen aus der Natur zu machen. Es geht um Naturschutz, das Potenzial der Zoos, einen Beitrag zur Erhaltung der Biodiversität unserer Erde zu leisten, sowohl durch die Wiederansiedlung von im Zoo geborenen Tieren in der Natur als auch durch die Förderung des öffentlichen Bewusstseins in Sachen Naturschutz. Der zweite Punkt ist vielleicht sogar noch bedeutender als der erste. Über 30 Millionen Menschen besuchen alljährlich die deutschen Zoos. Welch eine Chance, sie über den Zustand der Natur aufzuklären und sie zu einem Umdenken im Umgang mit der Natur zu animieren! Um diese Chance zu nutzen, mussten neue Mittel und Methoden der Informationsvermittlung entwickelt werden.

Manch einer beneidet einen Zoodirektor, weil er glaubt, der ginge den ganzen Tag im Zoo spazieren und beschäftigte sich mit den Tieren. Tatsächlich aber wendet er mehr Zeit für Sitzungen und Telefonate, für Geldbeschaffung und Public Relations auf als für Tiere. Kein Wunder, dass diesen Aufgaben auch ein eigenes Kapitel gewidmet ist. Andererseits kann man kein Buch über Zoos schreiben, in dem keine Tiere vorkommen. Die gibt es im Kapitel Tiergeschichten.

Das Bauen für Tiere ist eine der spannendsten, zugleich schwierigsten Aufgaben im Zoo, kommt es doch darauf an, die neuesten Erkenntnisse über das Leben von Tieren in der Natur und ihre Lebensansprüche in menschlicher Obhut umzusetzen. Von den zahlreichen Bauprojekten des Kölner Zoos während der letzten 25 Jahre habe ich exemplarisch den ELEFANTENPARK ausgewählt und sein Konzept und seine Entstehungsgeschichte in einem separaten Kapitel dargestellt. Das Schlusskapitel, ein Rück- und Ausblick, endet mit der Quintessenz meines Berufslebens: Zoologische Gärten waren noch niemals so wichtig wie heute. Und wenn es noch keine Zoos gäbe, wäre es höchste Zeit, sie zu gründen. Und ich wäre sofort dabei.

Gunther Nogge

Köln, im Januar 2010

WARUM ICH ZOODIREKTOR WURDE

Der Düsseldorfer Zoobunker

Man braucht keine einzige der über 300 Arten mit Namen zu kennen. Einen Kolibri erkennt jeder. Die Unverwechselbarkeit dieser Vögel ist in ihrer Lebens-, insbesondere Ernährungsweise begründet. Die kleinen Kerle von 6 bis 20 cm Körperlänge und 2 bis 20 g Gewicht leben teils von Insekten und Spinnen, teils von Blütennektar. Da ihre Körperoberfläche im Verhältnis zum Volumen aber viel größer ist als bei anderen Vögeln, verbrauchen sie drei- bis achtmal soviel Sauerstoff wie z.B. Buchfinken – allein zur Aufrechterhaltung ihrer Körpertemperatur. Beim Fliegen steigt der Sauerstoffverbrauch dann noch einmal um das Fünffache an. Deshalb sind Lunge und Herz, bezogen auf das Körpergewicht, dreimal so groß, und die Zahl der roten Blutkörperchen, die ja den Sauerstoff transportieren, ist doppelt so hoch wie z.B. bei einer Taube.

Charakteristisch für Kolibris ist ihr Schwirrflug, der eher der Flugweise von Insekten als der anderer Vögel ähnelt. Sie erreichen damit Geschwindigkeiten von 100 km/h und mehr, können aber auch auf der

Fütterung eines Jamaika-Kolibris (1993). Mit Kolibris fing alles an. Mein Biologielehrer in der Schule war Karl Zimmer, ein Kolibri-Experte, der mich mit seiner Begeisterung für die Biologie „infizierte".

Stelle fliegen, dann plötzlich und blitzschnell in jede beliebige Richtung davonschießen und sogar rückwärts fliegen. Dabei kommen sie auf bis zu 78 Flügelschläge pro Sekunde. Den Schwirrflug der Kolibris haben erstmals Max Stolpe und Karl Zimmer 1932 mithilfe von Filmaufnahmen analysiert. In den Fünfzigerjahren war Karl Zimmer mein Biologielehrer. Er hat mich so für die Biologie begeistert, dass ich mein Leben lang nicht mehr davon losgekommen bin.

Solange ich Zoodirektor in Köln war, habe ich es keinem erzählt: Ich bin zwar gebürtiger Kölner, aber in Düsseldorf zur Schule gegangen. Dort gibt es bis heute eine S-Bahnstation ZOO. Nur, der Zoo ist im Krieg zerstört und nie wieder aufgebaut worden. In einem Luftschutzbunker an der Brehmstraße, unweit der Haltestelle ZOO, war aber 1946 das ausgebombte Löbbecke-Museum untergekommen, das bald darauf damit begann, auch Aquarien und Vivarien einzurichten. Erst 1987 entstand im Nordpark ein Neubau, der den bis heute unübertroffenen AQUAZOO mit seinem Löbbecke-Museum beherbergt. Aquarien sind ja heute sehr populär, weshalb sie überall wie Pilze aus dem Boden schießen. Meist handelt es sich dabei allerdings um rein kommerzielle Unternehmen, die dem Fischliebhaber mit wenigen Arten und vielen Schaueffekten Fastfood verabreichen.

Der AQUAZOO in Düsseldorf ist dagegen das Feinschmeckerlokal der Fischbranche. Es bietet eine große Artenvielfalt und spannend aufbereitete Informationen über das Leben im und am Wasser. Beides gab es damals schon im Bunker an der Brehmstraße, und ich war dort als Schüler in den Fünfzigerjahren ein häufiger, wissbegieriger Gast.

Das Löbbecke-Museum beherbergte auch den künstlerischen Nachlass von Josef Pallenberg (1882–1946), eines anderen Kölners, den es nach Düsseldorf verschlagen hatte. Er war ein auf Tiere spezialisierter Bildhauer, dessen Atelier sich in Köln in der Stammheimer Straße gleich neben dem Kölner Zoo befand. Ludwig Heck, der den Kölner Zoo von 1886 bis 1888 leitete und danach 41 Jahre lang Zoodirektor in

Das bekannteste Werk des Bildhauers Josef Pallenberg (1882-1946) ist der Rominter Brunsthirsch im Düsseldorfer Hofgarten. Das Original befindet sich heute im Berliner Zoo.

Josef Pallenberg hatte sein Atelier viele Jahre direkt am Kölner Zoo. Zu seinen dem Zoo hinterlassenen Werken gehört dieses Relief einer in Kupfer getriebenen Gruppe von Mantelpavianen.

Berlin war, holte Pallenberg nach Berlin. Einige seiner Exponate gibt es aber noch im Kölner Zoo: einen Pavian, der wohl einmal eine Laterne hochhielt, das Relief einer in Kupfer getriebenen Gruppe von Pavianen, die Plastik eines Orang-Utans und eine Studie zu einem der bekanntesten Werke Pallenbergs, dem Rominter Brunsthirsch, der in Originalgröße im Düsseldorfer Hofgarten steht und für den Pallenberg 1907 mit der goldenen Staatsmedaille ausgezeichnet wurde. Heute sind die Pallenbergwerke in einem Magazin verschwunden. Im Zoobunker der Fünfzigerjahre waren sie jedoch der Öffentlichkeit zugänglich. Die Tierplastiken, die ich damals dort sah, begeisterten mich noch mehr für die Zoologie.

Nach dem Abitur 1962 stand mein Studienwunsch daher fest: Biologie. Als Studienort wählte ich Bonn. Das Zoologische Institut ist dort in einem barocken Lustschloss namens Clemensruhe untergebracht, von dem sich der preußische König Friedrich Wilhelm III. 1818 getrennt hatte. Georg August Goldfuß, dem ersten Direktor des Instituts, war es damals schon ein wichtiges Anliegen, „den Naturwissenschaften den ihnen gebührenden Anteil an einer umfassenden Bildung des Menschen zu sichern“. In der Anatomie lernt der Student heute den Müller'schen Gang und die Leydig'schen Zellen kennen, ohne zu ahnen, dass diese nach Bonner Zoologen benannt sind. Die Zoologie-Professoren meiner Studienzeit hießen Hermann Wurmbach, Rudolf Lehmensick und Günther Niethammer. Letzterer war Leiter der ornithologischen Abteilung des Zoologischen Forschungsinstituts und Museums Alexander Koenig, das nach dem Krieg als Versammlungsstätte des Parlamentarischen Rates und Amtssitz des ersten Bundeskanzlers, Konrad Adenauer, Geschichte gemacht hat. Er führte mich in die Ornithologie, die Vogelkunde, ein, die mich bis heute begeistert.

Meine ersten Semesterferien nutzte ich zu einer Türkeireise mit meinem Freund Bruno Spannagl: per pedes und mit einem Esel fürs Gepäck quer durch Anatolien.

Die letzten Waldrapps am Euphrat

Das Schönste am Studium waren die langen Semesterferien. Gleich nach dem ersten Semester, also im Herbst 1962, brach ich mit einem Gleichgesinnten, Bruno Spannagl, zu einer zweimonatigen Reise auf, und zwar in ein Land, aus dem damals die ersten Gastarbeiter nach Deutschland kamen, in das aber noch kein Mensch in Urlaub fuhr: die Türkei. Zuerst ging es in 56 Stunden mit dem Orientexpress nach Istanbul, von dort mit der Bagdadbahn bis Ankara. In Kayseri kauften wir uns einen Esel fürs Gepäck, und dann zogen wir zu dritt und zum Gaudi der einheimischen Bevölkerung quer durch Kappadozien und über den Taurus bis zum Mittelmeer. Weitere Reisen führten mich 1964/65 nach Mesopotamien, wo einst der Garten Eden lag, und – was zu der Zeit streng verboten war – ins wilde Kurdistan. Die Kurden führten einen von der Welt wenig beachteten, bis heute nicht gewonnenen Freiheitskampf gegen die irakische Regierung. Eher unbeabsichtigt waren wir, mein Freund Wolfgang Junk, der später Professor für

Das Paradies auf Erden: in Al Qurnah, wo Euphrat und Tigris zusammenfließen, soll es gelegen haben.

Limnologie am Max-Planck-Institut in Plön wurde, und ich, hinter die Frontlinie geraten. Dort lernten wir den legendären Anführer der Kurden, Mustafa Barzani, in seinem Hauptquartier in der Nähe von Ranya, nördlich von Sulaimanya, kennen. Er forderte uns auf, nach unserer Rückkehr nach Deutschland der Welt von der Unterdrückung der Kurden und ihrem Kampf um Freiheit und Unabhängigkeit zu berichten. Das versprachen wir ihm und wandten uns zu Hause an die Presse. Leider konnten wir außer unserem Reisebericht nur einige Fotos von Barzani und einem zerbombten Kurdendorf vorweisen. Da wir nicht mit einem Bild von einer weinenden Mutter aufwarten konnten, die mit bloßen Händen in den rauchenden Trümmern nach ihrem verschütteten Kind scharrte, war die Geschichte uninteressant. Das war meine erste Erfahrung mit der Presse.

Wo der Euphrat den Taurus durchbricht, um sich in die syrische Wüste zu ergießen, gab es damals noch eine Waldrapp-Kolonie von etwa 100 Paaren. Die ibisartigen Vögel brüteten in den Kalkwänden des Gebirges, zu deren Füßen der Ort Bireçik liegt. Zwar verehrten und schützten die Bewohner ihren „Kelaynak", den Glatzkopf, so wie die alten Ägypter den heiligen Ibis. Massive Pestizideinsätze führten jedoch zu einem steten, unaufhaltsamen Rückgang der Brutkolonie, bis 1989 kein einziger Vogel mehr übrig war. Heute gibt es den Waldrapp nur noch an einigen entlegenen Brutplätzen in Marokko, vielleicht 150 Paare, aber auch diese sind in ihrer Existenz bedroht.

Bis ins 17. Jahrhundert war der Waldrapp auch in den Alpen heimisch, woher er auch seinen deutschen, zoologisch irreführenden Namen hat, denn es handelt sich ja nicht um einen Raben, sondern um einen Ibis. Die Zoos nahmen sich vor, die Art durch Zucht in Volieren vor dem endgültigen Aus zu retten. Die Zucht gelang zuerst in Basel und Innsbruck. Heute gibt es an die 2000 Waldrapps in menschlicher Obhut. Das Konrad Lorenz Institut in Grünau in Österreich versucht nun, die Tiere in ihrem früheren Verbreitungsgebiet wieder anzusiedeln. Ein zweites Projekt führt der Zoo von Jerez de la Frontera am Kap Trafalgar in Andalusien durch. Die Waldrapps im Alpenraum waren Zugvögel. Allerdings ist ihnen der Zugweg nicht angeboren. Die Jungen haben die Routen immer von den Alten gelernt. Vögel, die nun schon viele Generationen in Volieren leben, wissen nichts mehr von den Zugwegen ihrer Ahnen. Deshalb muss man sie ihnen beibringen. Um ihnen den rechten Weg zu weisen, flog ihnen erstmals 2003 ein Ultraleichtflugzeug des Konrad Lorenz Instituts voraus.

Die Rettung der Tierwelt hat mich schon als junger Mensch fasziniert, und der Besuch der Waldrapp-Kolonie von Birecik hat mich in dem Wunsch, dabei mitzuhelfen, bestärkt. Auch Bernhard Grzimek mit seinem „Platz für Tiere“ hat mich beeinflusst. Obwohl wir selber damals noch gar kein Fernsehgerät hatten, habe ich keine Sendung verpasst. Als ich später selber Zoodirektor wurde, war Grzimek längst pensioniert. Aber er kam gelegentlich noch zu den alljährlichen Treffen der Zoodirektoren und besuchte auch Zoos. Zwar meldete er sich nicht an. Aber seine Aufkleber „Rettet die bedrohte Tierwelt“, die er überall anklebte, verrieten seine Spur. Als er den Kölner Zoo 1987 inkognito besuchen wollte, spürte ich ihn auf, und ich erinnere mich noch gern an die Fachsimpelei beim Zoorundgang. Es war sein letzter Zoobesuch. Wenige Tage später erlag er – während eines Zirkusbesuches – einem Herzanfall.

Bis in die Sechzigerjahre gab es in Bireçik am oberen Euphrat eine Brutkolonie des Waldrapps, den die Türken treffend Kelaynak, Glatzkopf, nennen.

Vorbild: Heini Hediger

1965 stellte ich mich Wilhelm Windecker, dem damaligen Kölner Zoodirektor vor. Er stellte mich als Hilfstierpfleger während der Semesterferien an und ermöglichte mir so, Einblick in die tierpflegerische Arbeit zu nehmen – wovon ich später als Zoodirektor profitiert habe. Kein Tierpfleger konnte mir etwas vormachen. Im selben Jahr erschien Heini Hedigers Buch zur Tiergartenbiologie, „Mensch und Tier im Zoo", das ich verschlang. Als Hediger 1938 die Leitung des Tierparks Dählhölzli in Bern übernahm – danach wurde er Direktor des Basler, schließlich des Zürcher Zoos –, suchte er vergeblich nach einem Leitfaden für die Führung eines zoologischen Gartens. Daraufhin fasste er den Entschluss, selbst einen zu schreiben. 1942 erschien dann sein grundlegendes Werk „Wildtiere in Gefangenschaft", in dem er die Prinzipien der Tierhaltung im Zoo erstmals niederschrieb. Darin stellte er die Haltung von Wildtieren in menschlicher Obhut auf eine wissenschaftliche, biologische Basis, verglich dabei das Leben von Tieren unter Zoobedingungen mit ihrer Lebensweise in der Natur und brachte beides auf logische Weise in Verbindung. Nie zuvor hatte ein Tiergärtner über die Grundlagen und das Wesen zoologischer Gärten, ihr Selbstverständnis und ihre Aufgabenstellung sowohl gegenüber der menschlichen Gesellschaft wie der Tierwelt so gründlich nachgedacht. Damit begründete Hediger die Tiergartenbiologie als eigenständige wissenschaftliche Disziplin. „Die Tiergartenbiologie", so definierte er sie, „liefert einerseits die wissenschaftlichen Grundlagen für die optimale und sinngemäße Haltung von Wildtieren im Zoo und erforscht und formuliert andererseits die besonderen biologischen Gesetzmäßigkeiten, die sich aus dieser Tierhaltung für Mensch und Tier ergeben. Die Tiergartenbiologie befasst sich also mit biologischen Erscheinungen bei Mensch und Tier im Zoo. Kürzer gesagt umfasst sie alles, was im Zoo von biologischer Relevanz ist."

Angesichts der rasanten Zunahme der Weltbevölkerung in der zweiten Hälfte des 20. Jahrhunderts und des dadurch bedingten Rückgangs der Vielfalt an Tier- und Pflanzenarten in allen Teilen der Welt erkannte er auch als einer der Ersten die Bedeutung zoologischer Gärten für den Natur- und Artenschutz. Er schrieb dazu: „Das Wildtier im Zoo ist nicht mehr individueller Besitz, sondern gehört allen, letztlich der ganzen Welt und muss deswegen erhalten und respektiert werden."

Am 5.12.1988 fand aus Anlass des 80. Geburtstags von Heini Hediger (M.) ein Festkolloquium statt. Referenten waren (v.l.) Bob Martin, Universität Zürich, Gunther Nogge sowie (rechts von Hediger) George Rabb, Brookfield Zoo, Chicago und Terry Maple, Zoo Atlanta.

Die Lektüre von „Mensch und Tier im Zoo" war für mich wie ein Erweckungserlebnis. Es war der Einstieg in die faszinierende Welt der Zoos. Mein Entschluss stand jetzt fest: Ich wollte Zoodirektor werden. Nichts und niemand konnte mich davon abbringen. Als mich Hedigers Schüler Christian Schmidt, später Grzimek-Nachfolger in Frankfurt, 1988 einlud, eine Laudatio auf Hediger anlässlich seines 80. Geburtstages zu halten, war das für mich, den jungen Zoodirektor aus Köln, einen aus der Enkelgeneration, eine große Ehre. Noch mehr geehrt fühlte ich mich, als Heini Hediger mir später schrieb: „Hier bekam ich nun wirklich einmal das wohlwollende Gefühl, von jemandem verstanden worden zu sein, was ich mit Tiergartenbiologie meinte." Meine Festtagsrede schloss ich mit dem Hediger-Zitat, das mir Mati

Kaal, der Direktor des Zoos von Tallinn, auf eine Glückwunschkarte zum 125-jährigen Jubiläum des Kölner Zoos geschrieben hatte und das mir zur Leitlinie meiner tiergärtnerischen Tätigkeit geworden ist: „Zoos sind keineswegs nur zoologische Angelegenheiten, sondern kulturelle im weitesten Sinne. Das Tier, und zwar das in unserer Zeit so bedrohte Wildtier, spielt in unserer Kultur, in Geschichte, Kunst und Literatur eine viel größere Rolle, als die meisten Menschen ahnen. Wollten wir aus unseren Kunstsammlungen, aus der Weltliteratur und der Kulturgeschichte alles eliminieren, was auf Wildtiere Bezug nimmt, was für ein trauriger Torso würde übrig bleiben. Und um wie viel trostloser wäre es, wenn wir dem Menschen die Begegnung mit Löwen, Elefanten, Bären und Krokodilen, Antilopen und Papageien endgültig nähmen."

Der wundersame Lebenszyklus der Dasselfliege

Die Larven der Großen Dasselfliege werden im Laufe eines Jahres riesengroß und machen sich auf dem Rücken von Rindern als Dasselbeulen bemerkbar.

In einem Universitätsstudium kommen die Tiere, die uns im Zoo begeistern, so gut wie nicht vor. Aber: wo man das Leben auch packt, da ist es interessant. In der Bonner Zoologie fand die Parasitologie, die sich mit den spannenden Beziehungen zwischen vollkommen verschiedenartigen Lebewesen, Parasiten bzw. Symbionten und ihren Wirten, befasst, mein größtes Interesse. Das Zoologische Institut hatte eine selbstständige Abteilung für Parasitologie, aus der 1965 das Institut für Angewandte Zoologie hervorging, dessen erster Direktor Werner Kloft wurde. Ich wurde sein erster Bonner Schüler und bekam ein Diplom- und anschließend ein Dissertationsthema, das sein Arbeitsgebiet, nämlich die Entomologie, die Insektenkunde, und mein Interesse an der Parasitologie und an den großen Tieren hervorragend miteinander verband. Objekt meiner Untersuchungen war nämlich die Dasselfliege, die damals noch ein veterinärmedizinisches Problem in der Rinderhaltung und vor allem ein wirtschaftliches Problem für die Lederindustrie darstellte.

Jeder kennt die dicken blauen Brummer, Fleischfliegen, deren Eier man im Sommer manchmal an offen daliegendem Fleisch findet. Verwandte Fleischfliegen, die etwas kleiner sind und meist grünlich schillern, legen ihre Eier gelegentlich auch in offene Wunden von Wirbeltieren. Die Larven fressen dort aber ausschließlich nekrotisches, d.h. sich zersetzendes Gewebe, weshalb man sie auch bis heute in der Medizin zur Behandlung schlecht heilender Wunden einsetzt. Die nächste Stufe in der Evolution stellen solche Arten dar, die ihre Eier nur noch an Wirbeltieren ablegen, sodass sich ihre Larven obligativ am lebenden Wirtstier entwickeln, sich dabei aber auch von gesundem Gewebe ernähren. Das sind die sogenannten Myiasis-Erreger, die in warmen Ländern von großer medizinischer und veterinärmedizinischer Bedeutung sind. Am bekanntesten ist der nordamerikanische Screwworm (die Larve dieser Fliege ist von schraubenförmiger Gestalt), der auf den Rinderfarmen im Süden der USA eine Plage war. Mithilfe der Sterile-Insect-Technique (SIT) ist es den Amerikanern gelungen, diesen Parasiten völlig auszumerzen. Als der Screwworm Ende der Achtzigerjahre einmal mit einem Viehtransport in Nordafrika eingeschleppt wurde, konnte man die Ausbreitung des Myiasis-Erregers über den ganzen Kontinent ebenso mit der SIT verhindern. Das Prinzip der SIT besteht darin, dass man sterilisierte Männchen der betreffenden Art in die Natur entlässt. Weibchen, die von diesen begattet werden, bekommen keine Nachkommen. Damit ist die Generationenfolge unterbrochen: Die Art stirbt aus. Es handelt sich also um eine elegante biologische Schädlingsbekämpfungsmethode, mit der man eine einzige Schadinsektenart gezielt bekämpfen kann, aber keinerlei Umweltbelastung verursacht. Diese Methode hatte mein Doktorvater in den USA kennengelernt und er hatte nun die Idee, sie auch zur Bekämpfung einer europäischen Fliegenart zu entwickeln. Das war die Dasselfliege.

Dasselfliegen stellen die höchste Stufe in der Evolution der Myiasis-Fliegen dar. Sie sind nicht nur obligate Parasiten, sondern auch noch wirtsspezifisch. Die Fliegen legen ihre Eier nämlich gezielt nur an einer einzigen Säugetierart, in diesem Fall am Rindvieh, ab. Für jedes einzelne Ei, das sie dem Rind ans Fell heften, fliegen sie dieses mit nervtötendem Gebrumm an. Das tut zwar überhaupt nicht weh, aber das ständige Gebrumm der Fliegen versetzt die Rinder derartig in Panik, dass sie schließlich nur noch kopflos auf der Weide umherrennen und alles unter sich lassen. Deshalb bezeichnet man die Dasselfliege in manchen Gegenden auch als Biesfliege (zweite deutsche Lautverschiebung!). Ich nahm das Fluggeräusch einmal mit einem Tonbandgerät auf und spielte es danach auf Rinderweiden ab. An der Reaktion der Rinder auf das Geräusch ließ sich ablesen, ob sie bereits Bekanntschaft mit den lästigen Fliegen gemacht hatten oder nicht. Dieses Experiment war 1968 Gegenstand meiner ersten wissenschaftlichen Publikation. Aus den angehefteten Eiern schlüpfen Larven, die in ihr Wirtstier eindringen und dann durch den Körper wandern, bis sie nach mehreren Monaten an der Rückenlinie angekommen sind. Dort bleiben sie liegen, bohren sich eine Atemöffnung nach außen und leben von dem nachwachsenden Bindegewebe, mit dem das Wirtstier das entstandene Loch zu schließen versucht. Die Larve lebt so mehrere Monate bestens versorgt wie die Made im Speck und wird immer dicker, so dick, dass man sie schließlich mit bloßem Auge unter der Haut wahrnimmt. Das Rind hat dann Dasselbeulen auf dem Rücken, nach denen die Fliege als Verursacher der Beulen ja auch benannt ist. Nach elf Monaten Entwicklung verlassen die Dassellarven ihr sicheres Quartier, lassen sich auf den Boden fallen und verpuppen sich, wie es sich für Fliegen gehört. Nach einer vierwöchigen Puppenphase schlüpfen dann die Fliegen, deren einziger Lebenszweck darin besteht, zu kopulieren und die Eier auf ein Rindvieh zu übertragen. Ich finde, dieser Lebenszyklus ist ein Wunderwerk der Natur. Die Bauern haben das ganz anders gesehen und die Dasselfliegen so gründlich mit allen ihnen zur Verfügung stehenden Mitteln bekämpft, bis sie sie ausgerottet hatten, noch bevor ich mit der Entwicklung der SIT für diesen Zweck fertig war. Immerhin haben meine Forschungen aber zur Verleihung eines Diploms in Biologie und eines Doktorgrades der Naturwissenschaften geführt.

Die ausgewachsenen Larven verlassen ihren Wirt und verpuppen sich im Boden. Die Fliege selbst lebt nur wenige Tage, um sich fortzupflanzen.

Die zoologischen Projekte Afghanistans

Das war 1969. Im selben Jahr hat meine Frau, die ich während des Studiums, und zwar im botanischen Großpraktikum, kennengelernt hatte, ihr Staatsexamen für das höhere Lehramt abgelegt. Wir haben geheiratet und sind für die nächsten vier Jahre nach Afghanistan gefahren. Schon seit 1962 gab es eine Partnerschaft der Bonner Mathematisch-Naturwissenschaftlichen Fakultät mit der Faculty of Science der Universität Kabul. Damals hatte man erkannt, dass es zum Aufbau einer Universität in einem Entwicklungsland effektiver und ökonomischer ist, ein paar deutsche Dozenten zu entsenden und nur die besten Absolventen eines Jahrgangs nach Deutschland zu einem Aufbaustudium zu holen, als sämtlichen Studenten ein Auslandsstudium zu ermöglichen. Diese Einsicht kam 1973 wieder abhanden. Zuerst hatten die Amerikaner die Lust an Afghanistan verloren und zogen sich langsam zurück. Natürlich machten die Deutschen es ihnen sofort nach. Desto mehr drangen aber die Sowjets nach Afghanistan ein. Das Land erlebte etliche Putsche in immer kürzeren Abständen und schließlich die Besetzung durch die Rote Armee. Was folgte, waren zwei Jahrzehnte des Krieges, erst der Befreiungskampf gegen die Russen, danach ein Bürgerkrieg, in dem jeder gegen jeden kämpfte. Erst als die unsäglichen Taliban die Herrschaft an sich rissen, kam Afghanistan zur Ruhe. Allerdings waren es eine Schreckensherrschaft und eine Friedhofsruhe, die sie dem Land bescherten. Was wir vor 30 Jahren aufgebaut hatten, lag nun jedenfalls in Trümmern. Damals hat das niemand geahnt. Heute bezeichnen die Afghanen die Zeit der Sechziger- bis Mitte der Siebzigerjahre als ihr goldenes Zeitalter. Und das war es auch. Die Arbeit an der Universität machte Freude und war erfolgreich. Es war friedlich, und man konnte sich im ganzen Land frei bewegen.

Das Schönste für mich aber war, dass dem Zoologischen Institut ein Zoologischer Garten angeschlossen war, der Kabul-Zoo. Ernst Kullmann, der 1962 als erster Zoologe nach Afghanistan gekommen war und

Ein Kreishornschaf im Gehege für Gebirgstiere des Zoologischen Gartens in Kabul.

später auch mein Vorgänger als Zoodirektor in Köln wurde, hatte damit angefangen. Auf dem Gelände des Instituts wurden zunächst Tiere für die Forschung und Lehre gehalten, was nicht nur bei den Studenten, sondern bei der gesamten Bevölkerung auf großes Interesse stieß. So entstand der Gedanke, einen richtigen Zoo zu gründen. Unterstützung fand Kullmann beim Dekan der Fakultät, Professor Dr. Abdul Ghaffar Kakar. Es wurde ein Komitee für zoologische Projekte in Afghanistan gegründet, welches die Einrichtung eines Zoologischen Gartens und eines Zoologischen Museums betreiben, sich darüber hinaus aber auch für den Schutz der frei lebenden Tierwelt einsetzen sollte. Vorsitzender des Komitees war Prinz Nader Shah, der zweitälteste Sohn von König Sahir Shah. Gekrönte Häupter, Prinzen und Prinzgemahle in aller Welt sind der Natur ja oftmals mehr zugeneigt als das gemeine Volk. Zum einen können sie es sich am ehesten erlauben, zum anderen betrachten sie die Beschäftigung mit der Tierwelt oft auch als ein Privileg des Adels.

Der Kabul-Zoo sah seine vornehmste Aufgabe darin, die Bevölkerung mit der Tierwelt ihres eigenen Landes bekannt zu machen, einschließlich solcher Arten, wie Löwe, Tiger, Gepard und Onager, die noch in geschichtlicher Zeit in Afghanistan vorkamen, heute aber verschwunden sind. Im Grunde war der Zoo also nichts anderes als ein Heimattiergarten. Aber was für eine großartige Fauna hat dieses Land! Zu den genannten Raubkatzen kommen Leoparden und Schneeleoparden. Es gibt zwei Bärenarten, den Braun- und den Kragenbär. In den Gebirgen leben außer Wildschafen auch Steinböcke, Bezoar- und Schraubenhornziegen, während man in den Niederungen Bucharahirsche und Kropfgazellen findet. Noch vielfältiger ist die Vogelwelt. Zu den Besonderheiten gehören Himalaja-Glanzfasane und die stattlichen Königshühner. Während Störche und Kraniche Afghanistan nur während des Zuges berühren, gibt es zwei Brutplätze des Großen Flamingos. Einer davon, in der Dasht-e-Nawar, ist mit 3200 m ü. M. sogar der höchstgelegene der Welt. Der Kabul-Zoo war ein Spiegel der afghanischen Tierwelt. In einer nachgestalteten Gebirgslandschaft lebten Wildschafe und Steinböcke vergesellschaftet mit Königshühnern und Langschwanzmurmeltieren. Eine Teichanlage repräsentierte einen der Flamingobrutplätze, den Ab-e-Istada, wo außer Flamingos Dünnschnabelmöwen, Stelzenläufer, Löffler sowie Brand- und Rostgänse angesiedelt waren. Auch Löwen und Bären lebten auf großzügigen Freisichtanlagen.

Blick auf Pelikanweiher und Stelzvogelwiese des Kabul-Zoos.

In Afghanistan ist mir bewusst geworden, dass Zoos in Entwicklungsländern noch viel wichtiger sind als bei uns. Welcher Afghane bekommt je in seinem Leben einen Schneeleoparden zu Gesicht? Wer kann es sich leisten, nach Nuristan zu reisen, um Rhesusaffen und Koklasfasane in der Natur zu beobachten oder in den Auwäldern des Amu-Darya dem selten gewordenen Bucharahirsch nachzuspüren? Wer hat schon Gelegenheit, Marco-Polo-Schafe im Pamir kennenzulernen oder den Ab-e-Istada zur Vogelzug-

zeit aufzusuchen? Die meisten Afghanen kennen die Tiere ihrer Heimat nur vom Hörensagen. Dabei ist das Interesse groß, was die enormen Besucherzahlen des Kabul-Zoos belegen, und es handelt sich keineswegs nur um die Stadtbevölkerung. Jeder, der in die Hauptstadt kommt, um Geschäfte zu erledigen oder einzukaufen, nutzt die Gelegenheit, den Kabul-Zoo zu besuchen. In den entlegensten Teilen des Landes findet man Leute, die schon einmal im Zoo waren. Außerdem scheint ein Zoobesuch ein gottgefälliges Vergnügen zu sein. Die Taliban hatten die Kinos geschlossen und das Hören von Musik verboten. Den Zoo aber haben sie nicht angetastet. Auch während der dunkelsten Phase in der Geschichte Afghanistans konnte der Zoo seine Aufgabe erfüllen. Er bot den Menschen weiterhin Entspannung und Freude bei der Begegnung mit Tieren und etwas Ablenkung von ihrem trostlosen Alltag.

Nur was man kennt, ist man auch bereit zu schützen. Aber man kennt nur, was man mit eigenen Augen einmal gesehen hat. Das Tier im Zoo ist sozusagen Botschafter seiner in der Natur bedrohten Artgenossen und seines geschundenen Lebensraumes. Es will die Menschen auf den Zustand der Natur aufmerksam machen und sie zur Umkehr im Umgang mit der Natur aufrufen. Will man Menschen für Natur- und Umweltschutz gewinnen, gibt es kein besseres Medium als das lebendige Tier, keinen besseren Ort als einen Zoo. Zoologische Gärten sind daher überall in der Welt die wichtigsten und effektivsten Naturschutzzentren.

Durch den Kabul-Zoo entstand in der afghanischen Öffentlichkeit ein Bewusstsein für die Einmaligkeit der afghanischen Tierwelt, die sich daraus ergibt, dass hier zwei tiergeografische Regionen, die Paläarktis und die Orientalis, aufeinandertreffen. Die Af-

Die Stammmutter der heute in den europäischen Zoos lebenden Persischen Leoparden kam 1968 aus dem Kabul-Zoo nach Köln.

ghanen sind sich heute ihres natürlichen Erbes bewusst. Sie sind stolz darauf und bemüht, es auch für künftige Generationen zu erhalten. 1972 wurde im Department of Forests and Range des afghanischen Landwirtschaftsministeriums die Arbeitsgruppe „National Parks and Utilization of Wildlife Ressources" gebildet, die von einem rührigen FAO-Experten, Ron Petocz, beraten wurde. Afghanistan trat dem Ramsar-Abkommen zum Schutz von Feuchtgebieten und dem Washingtoner Artenschutzübereinkommen bei. Es wurden Naturschutzgebiete und sogar Nationalparks ausgewiesen.

Das auf dem Zoogelände gelegene Zoologische Museum hat mein Kollege Clas Naumann betreut und weiter ausgebaut. Die zoologischen Projekte waren nicht Teil des Partnerschaftsabkommens zwischen den Universitäten Bonn und Kabul. Vielmehr sind sie auf Initiative der in Kabul tätigen Zoologen entstanden. So gab es auch keine Entwicklungsgelder für Zoo und Museum. Alle Ausgaben wurden von den Eintrittsgeldern bestritten. Nach meiner Rückkehr nach Deutschland habe ich in unserer Fachzeitschrift „Der Zoologische Garten", dem seit 1859 existierenden Organ für die Tiergärtnerei, darüber berichtet, wie man in einem der 25 ärmsten Länder der Welt einen Zoo betreiben kann, der sich selbst trägt. Heute ist der Zoo die einzige sichere Einnahmequelle der Stadt Kabul, weshalb diese sich auch beharrlich weigert, ihn der Universität zurückzugeben. Wir wurden jedenfalls damals als Dozenten für Zoologie an der Faculty of Science bezahlt. Zoo und Museum betreuten wir nebenher in unserer Freizeit. Obwohl die zoologischen Projekte Afghanistans also nur das geduldete Nebenprodukt eines Entwicklungsprojektes waren, wurden sie bei jeder Gelegenheit als sein Aushängeschild hochgehalten. Als wir Afghanistan 1973 verließen, war der Kabul-Zoo zwar nur ein kleiner zoologischer Garten mit einem Museum, aber der modernste und schönste im gesamten Mittleren Osten. Uns aber haben Zoo und Museum nicht mehr losgelassen. Zurück in Deutschland wurde Clas Naumann später Direktor des Zoologischen Museums Alexander Koenig in Bonn, ich selber Direktor des Kölner Zoos.

Hoher Besuch im Kabul-Zoo: S. M. König Sahir Shah (M.) im Gespräch mit Storai Nawabi, der damaligen Leiterin des Zoos, ganz rechts der Dekan der Faculty of Science, Prof. Kakar.

Bartgeier vom Hindukusch in die Alpen

Von Anfang an hatte Kullmann den Kölner Zoo in den Aufbau des Kabul-Zoos eingebunden. Zoodirektor Windecker reiste zur Eröffnung des Zoos am 17. August 1967 nach Kabul. Er war von dem neuen Zoo so angetan, dass er zwei seiner Tierpfleger, zuerst Gerd Siemons und danach Anton Bohn, für insgesamt vier Jahre freistellte, um das Zoopersonal anzulernen. Ein afghanischer Tierpfleger, Taufik Nuri, wurde zur Ausbildung nach Köln eingeladen. Außerdem kam es, wie unter zoologischen Gärten üblich, zu einem Tieraustausch. So geht z.B. die gesamte europäische Population des Persischen Leoparden auf zwei Importe zurück, einen in den Fünfzigerjahren aus Iran und einen Ende der Sechzigerjahre von Kabul nach Köln. In sämtlichen über hundert Persischen Leoparden, die heute in den Zoos der Welt leben, fließt Blut der Stammmutter „Cora", die Gerd Siemons nach Beendigung seiner Tätigkeit am Kabul-Zoo 1968 mit nach Köln brachte. In den Siebzigerjahren verstärkten Bucharahirsche aus dem Kabul-Zoo die schwache europäische Population dieser seltenen Unterart des Rothirsches, und der Kölner Zoo führt bis heute das Europäische Zuchtbuch. Heute gibt es im Kabul-Zoo, möglicherweise in ganz Afghanistan, keine Bucharahirsche mehr. Die europäische Zuchtpopulation ist dagegen längst so groß, dass es ein Leichtes wäre, Bucharahirsche nach Afghanistan zurückzubringen.

Die Gründerpopulation des europäischen Bartgeier-Zuchtprogramms konnte 1972 durch den Import zweier Vögel aus dem Kabul-Zoo aufgestockt werden.

1971 schickte ich Hans Psenner, dem Gründer und Direktor des Alpenzoos in Innsbruck, zwei Bartgeier. Der Alpenzoo ist auf die Fauna des Alpenraumes spezialisiert. Dazu gehören auch Tierarten, die es dort heute gar nicht mehr gibt, wie der schon erwähnte Waldrapp oder der Bartgeier. Wegen seines schlechten Rufs – er wurde auch als Lämmergeier bezeichnet, denn man beschuldigte ihn, sich von Lämmern (und kleinen Kindern) zu ernähren – setzte man dem Bartgeier so nach, dass er zu Beginn des 20. Jahrhunderts in den Alpen endgültig ausgerottet war. Das Problem für Psenner bestand nun darin, dass es kaum Bartgeier in den europäischen Zoos gab. Er fand nur ein einziges Paar im Dresdner Zoo. So war er froh, zwei weitere Vögel aus Kabul zu bekommen, übrigens im Tausch gegen Volierendrahtgeflecht, das es in Afghanistan nicht zu kaufen gab. 1973 gelang ihm der erste Zuchterfolg. Das war eine Sensation. Heute gibt es an die 30 Zoos, die Bartgeier im Rahmen des Europäischen Erhaltungszuchtprogramms (EEP) züchten, und zwar regelmäßig. 1986 begann man sogar damit, die Vögel in den Alpen, zuerst im österreichischen Rauristal, wieder anzusiedeln. Seit 1997 pflanzen sie sich auch wieder in der Natur fort, und zwar ebenso regelmäßig wie in den Zoos. Damit kann man die Wiederansiedlung des Bartgeiers in den Alpen, von der Hans Psenner einst träumte, als gelungen bezeichnen. Wenn ich heute während eines Österreichurlaubs Bartgeier über den Alpen kreisen sehe, erinnert mich das nicht nur an Afghanistan. Es macht mich auch ein wenig stolz darauf, dass ich mit dem Export der beiden Vögel aus dem Kabul-Zoo vor 35 Jahren zu diesem Erfolg beigetragen habe.

Marjan, der Löwe von Kabul

Als die sogenannte Nordallianz im November 2001 Kabul eroberte, wurde sie von einem Tross von über Tausend Journalisten begleitet. Das waren mehr auf einmal, als Afghanistan in seiner gesamten Geschichte seit der Eroberung durch Alexander den Großen zusammen besucht haben. Nach 20 Jahren Krieg und einer Terrorherrschaft, die jeglichen profanen

Zeitvertreib als Gotteslästerung ansah, beschränkte sich das Freizeitangebot der Stadt auf den Kabul-Zoo, wenn dieser außer einem altersschwachen und halbblinden Löwen auch kaum noch etwas zu bieten hatte. Keiner der Journalisten kam um einen Zoobesuch herum. „Marjan“, der Löwe, machte jedenfalls weltweit vom „Kölner Express“ bis zum CNN Schlagzeilen als „Held von Kabul“, der im Kampf mit den Taliban sein Augenlicht eingebüßt, nichtsdestoweniger das Schreckensregime überlebt, wenn nicht gar besiegt hatte. Sein Schicksal rührte die Menschen in aller Welt und löste eine ungeahnte Spendenfreudigkeit zugunsten des Zoos aus. Während UNICEF-Botschafterin Sabine Christiansen schon strahlte, wenn sie einer Mädchenschule ein paar Bleistifte und Schulhefte überreichen konnte, schnellte Marjans Spendenkonto in kürzester Zeit auf 500.000 US-Dollar hoch. Tierschützer aus aller Welt wetteiferten nun darum, dem Helden von Kabul den Spendenscheck zu überreichen. Den Wettlauf gewann die WSPA, die weltgrößte Tierschutzorganisation. Ihr Vertreter traf pünktlich zum Weihnachtsfest in Kabul ein und überreichte dem zahnlosen Löwen im Blitzlichtgewitter der in Afghanistan versammelten Journaille 12 kg Hackepeter, was dieser – aus veterinärmedizinischer Sicht verständlich – nicht lange überlebte.

Die Löwen, ein Geschenk von Bundespräsident Lübke zur Eröffnung des Kabul-Zoos 1967, erfreuten sich größter Beachtung bei den Afghanen.

Der „Stern“ hatte dem Tier gerade eine mehrseitige Fotoreportage gewidmet, ein „SPIEGEL“-Reporter war noch unterwegs nach Afghanistan, um Marjan und seinen Betreuer zu interviewen, als das ZDF am 27. Januar 2002 meldete: „Der Held von Kabul ist tot!“ Da wurde sogar Harald Schmidt blass und er ließ nachfragen, ob es denn stimme, dass der Verblichene 1947 aus Köln gekommen sei. Darauf antwortete ich ihm: „Wenn der Löwe von Kabul wirklich 55 Jahre alt geworden wäre, kann es nicht so schlimm bestellt sein um den Kabul-Zoo.“ In jedem Fall käme er mit seinem erreichten Alter ins Guiness-Buch der Rekorde. Während Löwen in der Natur ein mittleres Alter von 9-10 Jahren erreichen, können sie im Zoo schon mal 18-20 Jahre alt werden. Der Altersrekord für Löwen liegt derzeit bei 30 Jahren. Diesen hätte Marjan also um 25 Jahre überboten. „Außerdem“, fügte ich hinzu, „sah der Kölner Zoo 1947 infolge eines anderen schrecklichen Krieges nicht viel anders aus als der Kabul-Zoo heute. Er hatte damals überhaupt keine Löwen, schon gar nicht zu verschenken.“

Ich wusste, dass Bundespräsident Heinrich Lübke dem Kabul-Zoo 1967 aus Anlass seines Staatsbesuches in Afghanistan ein Paar Löwen geschenkt hatte. Aber ich hielt es für unwahrscheinlich, dass eines

Marjan, dem Löwen aus dem Tierpark Berlin, der sowohl den Bürgerkrieg wie das Taliban-Regime überlebt hatte, setzten Tierfreunde ein Denkmal aus Bronze.

der Tiere nach 37 Jahren noch am Leben war. Meine Nachforschungen ergaben dann auch, dass der Kabul-Zoo am 8. März 1983, nachdem die Löwen aus der Bundesrepublik das Zeitliche gesegnet hatten, tatsächlich Ersatz bekommen hatte, und zwar aus dem Tierpark der Hauptstadt der DDR. Für ein paar Jahre waren Afghanistan und die DDR ja Bruderstaaten, und wir im Westen haben von dem Löwentransfer zwischen den Brüdern nichts mitbekommen. Damit hat Marjan ein Alter von 20 Jahren erreicht, was für Löwen ja auch schon hoch ist.

Was aber sollte nun mit den Spendengeldern passieren? Für mich war klar, dass der Löwe nur ein Symbol für den zerstörten Zoo war, und dass die Leute das Geld gespendet hatten, um auch den anderen Tieren des Zoos zu helfen und den Zoo wieder aufzubauen. Ich hätte mir zugetraut, den Kabul-Zoo mit einer halben Million US-Dollar wieder aufzubauen, und ich war schon mit alten Fotos und einigen anderen Unterlagen nach Kabul gereist, um damit anzufangen. Aber leider konnte ich nicht über das Geld verfügen. Da hielt David Jones, der frühere Direktor des Londoner Zoos, der nun in North Carolina untergekommen war, die Hand drauf. Die feine englische Art fühlt sich in erster Linie dem Tierschutz verpflichtet. Von Zoowiederaufbau könne keine Rede sein, meinte Jones. Es gehe ausschließlich um das Wohl der noch vorhandenen Tiere. Der Einfachheit halber überwies er das Geld für Tierfutter und Löhne für die Tierpfleger an die Stadtverwaltung. Das bisschen Geld, das dann für Aufräum- und Reparaturarbeiten übrig blieb, wurde in so bescheidener Weise eingesetzt, dass ich nichts damit zu tun haben wollte. Marjan, dem Helden mit dem Löwenherzen, hat man von dem Geld am Eingang des Kabul-Zoos ein Denkmal aus Bronze gesetzt.

Akbar, ein junger kirgisischer Maler, dokumentierte die Fauna des Pamir, wie dieses Marco-Polo-Schaf, in Aquarellen.

Marco-Polo-Schafe an der Seidenstraße

Ich erwähnte schon, dass man sich in Afghanistan vor 40 Jahren völlig frei bewegen konnte. Das haben wir auch getan und auf diese Weise alle Landes-

Yaks bilden die Lebensgrundlage der Kirgisen im afghanischen Pamir. Sie liefern ihnen Milch, Fleisch, Leder und Wolle.

teile kennengelernt, einschließlich solcher, wo sonst kaum einer hinkam, z.B. den afghanischen Pamir. Auf der Landkarte Afghanistans gibt es im Nordosten einen schmalen, fingerartigen Ausläufer, dessen Spitze China berührt. Es handelt sich um eine Pufferzone, die im 19. Jahrhundert zwischen dem Zarenreich und dem britischen Empire gebildet worden war. Dieser Streifen, durch den einst die legendäre Seidenstraße führte, war absolutes Sperrgebiet. Um es zu betreten, bedurfte es der persönlichen Erlaubnis des afghanischen Königs Sahir Shah. Die wenigen Expeditionen, die im gesamten 20. Jahrhundert genehmigt wurden, kann man an einer Hand aufzählen. Und um eine Expedition handelte es sich wirklich, die längste und eindrucksvollste, an der ich je in meinem Leben teilnahm.

In Qala-e-Pandja, am Beginn des Wakhanzipfels gelegen, wurden Reitpferde und Yaks für das Gepäck, die Zelte und den Proviant für die nächsten sechs Wochen angemietet. Ziel war das Siedlungsgebiet der letzten freien, rund 2700 Kirgisen. Alle anderen Kirgisen lebten, vom Kommunismus beglückt, entweder in der kirgisischen Sowjetrepublik oder in der Volksrepublik China. Die Kirgisen des afghanischen Pamirs waren freie, nomadische Viehzüchter geblieben. Sie be-

Eine Gruppe Sibirischer Steinböcke in ca. 5000 m ü.M. im afghanischen Pamir.

saßen rund 40.000 Schafe und 3000 Yaks, außerdem Pferde als Reittiere im Sommer sowie Kamele für den Winter. Ihr Problem aber war, dass ihre einstigen Wanderwege zwischen Sommer- und Winterweidegebieten durch den Eisernen Vorhang versperrt waren und sie praktisch auf das Tal des Col-e-Caqmaktin und seine Ausläufer angewiesen waren, alles 4000 m ü. M. oder höher. Da auch die traditionellen Handelsrouten nicht mehr nutzbar waren, konnten sie ihre Erzeugnisse nur noch in Afghanistan gegen das tauschen, was sie nicht selbst produzierten. So lebten sie dort autonom, aber völlig isoliert in einer Art Völkerkundemuseum. Die Beziehungen zum afghanischen Staat beschränkten sich auf briefliche und gelegentlich persönliche Kontakte zwischen ihrem Khan, Rahman Kol, und dem afghanischen König. Als die Rote Armee Afghanistan 1979 besetzte, flohen die Kirgisen nach Pakistan. Später hat man die meisten von ihnen in die Türkei gebracht, wo sie heute noch leben. Nur wenige sind in den Pamir zurückgekehrt. Heute wird ihre Zahl dort auf 650 geschätzt.

Im 13. Jahrhundert folgte Marco Polo der Seidenstraße und entdeckte im Pamir riesige Schafe, die wir deshalb als Marco-Polo-Schafe bezeichnen. Ich erinnere mich noch gut, wie wir die Tiere im Tolibai-Tal gesehen haben. In meinem Reisetagebuch findet sich am 5. August 1971 der folgende Eintrag: „Als ich heute Morgen sah, daß die Gruppe von Marco-Polo-Schafen noch über unserem Zeltplatz stand, beschloß ich, dorthin zu gehen. Bei meinem Aufstieg überraschte ich drei etwa zweijährige Böcke. Als sie mich bemerkten, stiegen sie rasch zur Restgruppe auf, die aus Müttern mit Jungtieren bestand. Ich stieg so schnell ich konnte in einem Bachtal empor, um die Gruppe von oben beobachten zu können. Dort angekommen, sah ich die drei Jungböcke allerdings nur noch nach rechts abziehen. Von den anderen Tieren war nichts mehr zu sehen. Da ich vermutete, diese seien nach links abgezogen, hoffte ich, daß sich alle Tiere hier am Abend wieder träfen, und baute mir aus Steinen eine Deckung. Leider ging meine Rechnung nicht auf. Dennoch kam ich in meinem Versteck auf meine Kosten. So kam ein Trupp Königshühner auf 30 m an mich heran.“ Außerdem sah ich an diesem Tage Steinadler, Bartgeier, Kolkrabe, Alpenkrähe, Wasseramsel, Mauerläufer, Zitronenstelze, Ohrenlerche u.v.a.m. In einer Publikation über meine ornithologischen Beobachtungen im afghanischen Pamir komme ich auf insgesamt 76 Vogelarten.

Panzernashörner am Fuße des Himalaja

So schön Afghanistan war, im Urlaub wollte man dann schon einmal etwas anderes sehen. Ein Flug nach Deutschland war viel zu teuer. Außerdem wollte man auch nicht unbedingt nach Hause. So stieg man denn in sein Auto – wir hatten damals einen VW-Variant – und fuhr hinunter in die indische Tiefebene. Einmal war Nepal unser Ziel, und zwar der Nashörner wegen. Ich wollte einmal im Leben ein Panzernashorn in der Natur sehen. Damals bekam man für Nepal für maximal sieben Tage ein Visum und bei der Einreise musste man seine Barschaft offenlegen, weil die Nepalesen fürchteten, man hätte nicht genügend Geld für die Heimreise. Dreißig Jahre später stellt der Tourismus die wichtigste Devisenquelle des Landes dar, und die Volkswirtschaft droht zusammenzubrechen, wenn die Touristen aus Angst, zwischen die Fronten von Maoisten und Royalisten zu geraten, ausbleiben.

Meist kommt man nur einmal im Leben irgendwohin. Man schaut sich um und denkt sich: So ist es, so war es immer und so wird es wohl auch in Zukunft sein. Erst wenn man an denselben Ort später noch einmal zurückkommt, stellt man fest, dass nichts bleibt, wie es ist. Nirgendwo ist mir die Entwicklung der Welt so bewusst geworden wie in Nepal. Noch in

Zur Überwachung trägt dieses weibliche Panzernashorn im Chitwan-Nationalpark einen Sender am Halsband.

der Mitte des vorigen Jahrhunderts war das Himalaja-Vorland, das Terai, so gut wie nicht besiedelt. Es war von undurchdringlichem Urwald bedeckt und malariaverseucht. Das änderte sich mit der Entdeckung und dem anschließenden flächendeckenden Einsatz von DDT. Während der letzten 30 Jahre hat sich die Gesamtbevölkerung Nepals verdoppelt. Im Terai aber ist sie, vor allem durch Zuzug von Menschen aus anderen Landesteilen, aber auch aus Indien, um ein Vielfaches angestiegen. Nahezu 50 % der Bevölkerung Nepals lebt heute im Terai. Auf der Suche nach Nashörnern fuhren wir 1971 noch stundenlang durch dichte Wälder. Heute sind die Wälder gerodet. Übrig geblieben ist nur ein Restflecken, das Herz des Dschungels, der Chitwan.

Damals wie heute lebten dort die letzten Panzernashörner des Terai. Allerdings war der Chitwan noch kein Nationalpark, und natürlich gab es noch keine Touristen und nicht die entsprechende Infrastruktur wie Hotels, Guides etc. Wenn wir in einem Oriental Hotel übernachteten, in dem es sieben oder acht Pritschen im Zimmer gab – man erwartete, dass der Gast sich sein Bettzeug mitbrachte –, mieteten wir gleich das ganze Zimmer. Als Guide lasen wir einen einheimischen Tharu auf, der zwar sehr freundlich war, aber kein einziges Wort Englisch sprach und dem wir einfach vertrauen mussten, wenn er uns aufforderte, unseren Variant durch eine für uns nicht erkennbare Furt des breiten Rapti-Flusses zu steuern.

Der Chitwan war, und zwar schon seit 1846, königliches Jagdgebiet, und dieser Tatsache verdankt er zweifellos seine heutige Existenz. Noch 1938 hatte der englische Vizekönig auf Einladung des nepalesischen Königs hier 120 Tiger, 38 Nashörner und 27 Leoparden erlegt. Der Zufall wollte es nun, dass der derzeitige König Mahendra just zu dem Zeitpunkt auf der Jagd war, als wir die Nashörner sehen wollten. Als uns unser Guide zum Hatissar, der königlichen Elefantenstation in Sauraha, brachte, waren alle Elefanten mit dem König unterwegs – bis auf einen. Der war zurückgeblieben, weil er ein Problem mit einem Bein hatte. Das war unser Glück. Dem fußkranken Elefanten verdanken wir die unvergessliche Begegnung mit einem der urtümlichsten Tiere, die es noch auf der Erde gibt. Von der zahlenmäßig sehr großen und weitverbreiteten Gruppe von Nashornartigen, die im Laufe der Evolution erschienen und wieder verschwanden, sind nur fünf Arten übrig geblieben, und auch diese stehen kurz vor dem Aussterben. Von seiner Erscheinung her ist das Panzernashorn das urigste. Einst war es über ganz Nordindien verbreitet. Heute kommt es nur noch an zwei Stellen vor, in Assam im nordöstlichen Indien und im südlichen Nepal. Im Chitwan war die Zahl bis zum Zeitpunkt unseres Besuches auf 100 geschrumpft. Es war derselbe König Mahendra, der 1971 dort auf der Jagd war, der den Chitwan 1973 zum Nationalpark erklärte und alles daransetzte, dass die Nashörner nicht völlig ausstarben. Inzwischen leben im Chitwan-Nationalpark wieder so viele Nashörner (über 500), dass man von hier aus auch andere Gebiete, wie den Bardia-Nationalpark, mit Nashörnern versorgen kann.

Die König-Mahendra-Stiftung für Naturschutz

1982 wurde in Nepal eine Stiftung für Naturschutz gegründet, die man dem König, der sich um den Naturschutz in Nepal so verdient gemacht hatte, zu Ehren benannte: King Mahendra Trust for Nature Conservation (KMTNC). Schirmherr war dessen Sohn,

Jubiläumssymposium der König-Mahendra-Stiftung unter dem Vorsitz von Prinz Gyanendra (M.), dem späteren König von Nepal.

Wo der Kleine Panda lebt,

Tourismus, der an die Grenzen geht

Das Annapurna-Massiv in Nepal zu bewandern, ist der Traum eines jeden Trekking-Touristen.

Hier erlebt er in Höhen von 4000 Metern nicht nur seine körperlichen Grenzen, sondern auch eine einmalige Landschaft. Versteckt in den Rhododendron- und Bambuswäldern lebt hier auch der Kleine Panda.

Doch die Menschen, die eigentlich wegen der Schönheit der Natur ins Land kommen, drohen diese unbemerkt zu zerstören.

Sie verbrauchen nicht nur knappe Ressourcen - Wasser und Brennholz - sie hinterlassen auch Unmengen an Müll.

Aus Trekking-Touristen wurden Öko-Touristen

Es war nur eine Frage der Zeit, bis der Tourismus die Lebensgrundlagen von Mensch und Natur vollends zerstört hätte. 1986 wurde das Annapurna Conservation Area Project ins Leben gerufen, ein Projekt, das die Bewahrung der natürlichen

Lebensgrundlagen mit den Interessen des Tourismus und den Bedürfnissen der einheimischen Bevölkerung verbindet:

- Kerosin-Depots und Solaranlagen schaffen alternative Energiequellen.

- Abfallgruben u gebieten dem Wegwerfen vor
- Medizinische stellen die Ges sorgung sicher
- Gemüseanbau, Knüpftechnike neue Erwerbsz
- Dorfgemeinsch übernehmen s Kontrolle und sation des Tou
- Jeder Tourist b der Trekking-E Verhaltensrege den Weg.

muss Tourismus

König Birendra. Dieser ernannte seinen Bruder, Prinz Gyanendra Bir Bikram Shah Dev, der ihm 2001 nach dem schrecklichen Massaker im Königspalast auf den Thron folgen sollte, zum Vorsitzenden. Der Trust gründete in verschiedenen Ländern, wie den USA, Großbritannien, den Niederlanden, Frankreich, Kanada, Japan und auch in Deutschland, sogenannte Foreign Chapters, deren Aufgabe es war, im Ausland um Unterstützung der Ziele des Trusts zu werben. Das deutsche Chapter wurde 1988 gegründet, und als mich der heutige Honorarkonsul Nepals in Köln, Ram Pratap Thapa, bat, den Vorsitz zu übernehmen, konnte ich das nach meinen unvergesslichen Erlebnissen in Nepal gar nicht ablehnen.

1994 beging der Trust, wenn auch mit zweijähriger Verspätung, mit einem internationalen Symposium zum Thema „Sustainable Development and Conservation: the Role of the KMTNC“ sein zehnjähriges Bestehen, und er hatte allen Grund zum Feiern. In kurzer Zeit hatte er sich zur wichtigsten und erfolgreichsten Naturschutzorganisation des Landes entwickelt. Vor allem das Annapurna Conservation Area Project (ACAP) hatte weltweit Beachtung gefunden, weil man hier erstmals und in vorbildlicher Weise die lokale Bevölkerung in den Natur- und Umweltschutz einbezogen hatte. Ich selber hielt während des Symposiums einen Vortrag mit dem Titel „The role of zoos to promote nature conservation“, also über das Potenzial zoologischer Gärten für die Bewusstseinsbildung in Sachen Naturschutz, und nahm den Zoo in Kathmandu als Beispiel. Mein Vortrag stieß auf großes Interesse. Aber niemand hörte mir so aufmerksam zu wie der Prinz.

Urlaub auf die sanfte Tour

Die Regeln, die für einen Trekking-Urlaub in Nepal gelten, müssen für jeden Urlaub Gültigkeit haben, ob in den Bergen oder am Meer. Viele Reiseveranstalter bieten mittlerweile sanften Tourismus an und zwar nicht nur für sportliche Urlaube.

achhaltig sein.

Beispielgebend für die Einbeziehung der Bevölkerung in den Naturschutz war das Annapurna Conservation Area Project (ACAP) der König-Mahendra-Stiftung in Nepal.

Noch im selben Jahr wurde der Kathmandu-Zoo der Ministerialbürokratie, der er bis dato unterstanden hatte, entzogen und dem KMTNC unterstellt. Als Projektleiter und Zoodirektor wurde der umtriebige R. K. Shrestha eingesetzt, der den kleinen Zoo in kürzester Zeit und mit wenigen Mitteln, einem Besen und etwas Farbe in ein zoologisches Schmuckkästchen verwandelte. Ich selber wurde Mitglied eines Komitees zur Entwicklung eines Masterplans für den Zoo unter Leitung des später zum Kronprinzen aufgestiegenen Prinzen Paras. Der Zoo sollte sich fortan so wie der Kabul-Zoo auf die Präsentation der heimischen Fauna konzentrieren mit dem Ziel, das Naturschutzbewusstsein in der Bevölkerung zu fördern. Heute ist der Central-Zoo in Kathmandu ein geachteter Partner der weltweiten Zoogemeinschaft, Mitglied der World Association of Zoos and Aquariums (WAZA) sowie des regionalen Zooverbandes South Asian Zoo Association of Regional Cooperation (SAZARC), der im Jahre 2000 in Kathmandu gegründet wurde. Als ich 1971 zum ersten Mal nach Nepal kam, um den Panzernashörnern nachzuspüren, ahnte ich nicht, dass ich zwei Jahrzehnte später so viel mit dem Zoo in Kathmandu und dem Naturschutz in Nepal zu tun haben sollte. Zur König-Mahendra-Stiftung bleibt nachzutragen, dass sie nach dem ruhmlosen Ende des nepalesischen Königshauses von den nun herrschenden Maoisten in Nationale Stiftung für Naturschutz umbenannt und dem Forstministerium unterstellt wurde. Da dadurch dem Satzungszweck des deutschen Chapters die Grundlage entzogen war, wurde dieses 2007 aufgelöst.

Ein Paar Indischer Riesenstörche im Kathmandu-Zoo. Das Weibchen hat ein gelbes, das Männchen ein dunkles Auge.

Die Tsetsefliege – Geißel Afrikas

Nach den beinahe vier Jahren in Afghanistan kehrte ich zunächst an meine Heimatuniversität Bonn zurück und wurde wissenschaftlicher Assistent meines Doktorvaters Werner Kloft. Und wieder setzte er meinen Forscherdrang auf eine Fliege an, die mich für die nächsten zehn Jahre in ihren Bann ziehen sollte, die Tsetsefliege. Und wieder ging es um die Sterile Insect Technique (SIT), denn diese Fliege hat ja als Überträgerin von Trypanosomen, einzelligen Blutparasiten, die die menschliche Schlafkrankheit hervorrufen sowie entsprechende Erkrankungen bei Haustieren, vor allem Rindern, die als Nagana-Seuche zusammengefasst werden, eine große medizinische und veterinärmedizinische Bedeutung in Afrika. Sie hat die Geschichte dieses Kontinents wie kein anderes Tier beeinflusst und wird deshalb zu Recht auch als Geißel Afrikas bezeichnet. Vor mehr als 1000 Jahren überquerte der Islam die Sahara und bildete an der Universität von Timbuktu ein bedeutendes geistiges Zentrum. Islamische Religion und Kultur wären sicher auch weiter nach Süden vorgedrungen, wenn nicht die Pferde und Kamele der Verkünder des neuen Glaubens den Trypanosomen erlegen wären. Seit dem 15. Jahrhundert legten die seefahrenden Nationen Europas Stützpunkte an den Küsten rund um Afrika an. Alle Versuche einer weiteren Eroberung oder auch nur des Eindringens in den Kontinent mit Pferd oder Ochsenkarren waren jedoch auf Jahrhunderte zum Scheitern verurteilt. Mit den Forschungsreisen des 19. Jahrhunderts entlang dem Kongo-Strom kam es zur Ausbreitung verheerender Schlafkrankheitepidemien, die ganze Landstriche entvölkerten. Die Nagana-Seuche ist übrigens auch der Grund dafür, dass der von Ochsen gezogene Pflug südlich der Sahara unbekannt ist, sodass das Feld bis zum heutigen Tage mit Hacke und Menschenkraft bearbeitet werden muss. Das alleinige Transportmittel Schwarzafrikas, der menschliche Lastenträger, wurde erst in unserer Zeit durch Eisenbahnen und Motorfahrzeuge abgelöst.

1902 entdeckte Joseph Everett Dutton in Gambia, dass die Schlafkrankheit durch Trypanosomen hervorgerufen wird. 1903 erkannte David Bruce in Uganda die Tsetsefliege als Überträger, und 1909 gelang Friedrich Karl Kleine, einem Mitarbeiter Robert Kochs, die Aufklärung des komplizierten Entwicklungskreislaufes der Trypanosomen in der Fliege. Mit Oskar Dressel von den Bayer-Werken entwickelte Kleine später ein bis heute gebräuchliches Mittel zur Therapie der Schlafkrankheit, das Suramin, besser bekannt unter seinem Handelsnamen Germanin. Mit dem Verlust der Kolonien in Afrika nach dem Ersten Weltkrieg kam die Tsetse-Forschung in Deutschland dann aber zum Erliegen. Sie sollte ich also 1973 wieder aufnehmen.

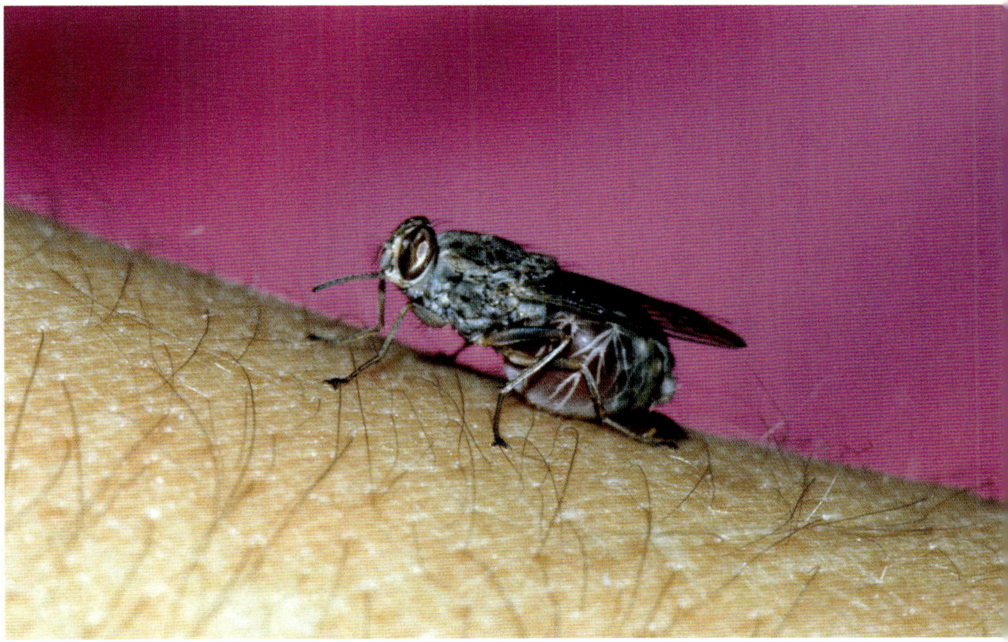

Mit einer Blutmahlzeit verdoppelt die Tsetsefliege ihr Gewicht. Sie ist dann aber kaum noch flugfähig. Noch auf ihrem Wirt beginnt sie deshalb, das Blut einzudicken.

Wenn die SIT funktionieren soll, braucht man genügend sterile Männchen der betreffenden Insektenart, um sie in die Natur entlassen zu können. Tsetsefliegen kann man aber nicht so leicht züchten wie Schmeißfliegen. Zum einen ernähren sich Tsetsefliegen ausschließlich von Wirbeltierblut. Da dieses einerseits zu 90 % aus Wasser besteht, also außerordentlich energiearm ist, die Fliegen aber andererseits als flugfähige Insekten einen hohen Energiebedarf haben,

Manuela Giannetti und Brunhilde van den Kerckhoff überwachen die Fütterung von Tsetsefliegen im Labor.

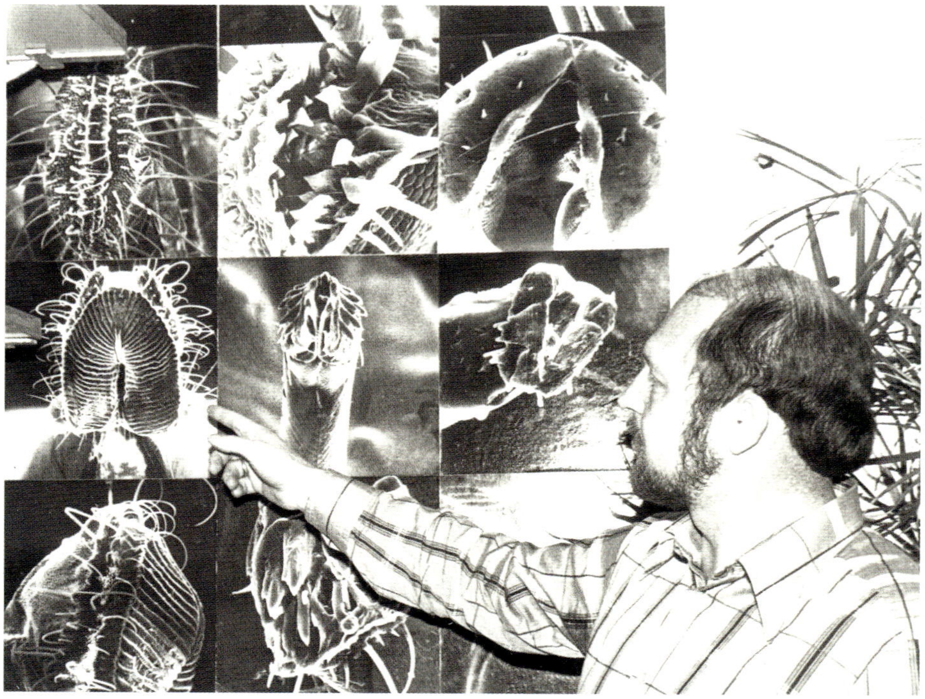

Der junge Privatdozent Nogge erläutert die Evolution der Mundwerkzeuge von der Stubenfliege über den Wadenstecher bis zur Tsetsefliege an rasterelektronenmikroskopischen Aufnahmen.

muss man sie täglich füttern. Dieses Problem wurde gelöst. Man kann die Fliegen heute sogar mit von Schlachttieren gewonnenem Blut „künstlich" ernähren. Das Hauptproblem besteht jedoch darin, dass Tsetsefliegen anders als andere Fliegen ihre Eier nicht einfach in großer Zahl irgendwo ablegen und ihren Nachwuchs sich selbst überlassen, sondern dass sie eine hoch entwickelte Brutfürsorge betreiben. Sie sind nämlich lebendgebärend. Allerdings kann ein Weibchen nur alle neun bis elf Tage jeweils eine einzige verpuppungsreife Larve zur Welt bringen. Um Massen steriler Männchen zu produzieren, bedarf es daher riesiger, geradezu fabrikähnlicher Zuchtkolonien. Tatsächlich ist es gelungen, die Methoden hierfür in internationaler Zusammenarbeit unter Schirmherrschaft der Internationalen Atomenergiebehörde (IAEA) zu entwickeln. In unserer Bonner Arbeitsgruppe war Udo Feldmann für die praktischen Probleme der Massenzucht zuständig. Dabei war er so erfolgreich, dass ihn die IAEA in ihr Entomologisches Labor am Neusiedler See holte, wo er bis zum heutigen Tage massenweise Tsetsefliegen züchtet. Ich selber beschäftigte mich mit den Endosymbionten der Fliege, Mikroorganismen, die sie in einem speziellen Organ, dem Mycetom, aufbewahrt. Um zu sehen, welche Bedeutung die Symbionten für ihr Wirtstier haben, muss man sie ausschalten. Ich stellte Antikörper her, eine Methode, die für diesen Zweck noch nie eingesetzt worden war. Mit Manuela Giannetti, meiner ersten Doktorandin, versuchten wir herauszubekommen, was dabei passiert, also was Wirbeltier-Antikörper im Insekt bewirken. Daraus entstand die Idee einer Insektenbekämpfung mit Antikörpern. Obwohl die Idee etwas Faszinierendes an sich hat, in der renommierten Zeitschrift „Science" publiziert und in den USA als Patent registriert wurde, hat sie niemand aufgegriffen und weiterverfolgt. Die Bonner Tsetse-Arbeitsgruppe löste sich ein Jahr später mit meinem Wechsel an den Kölner Zoo auf. Bei aller Begeisterung für Tsetsefliegen war mein Faible für die großen Tiere nämlich keineswegs verloren gegangen. In den Siebzigerjahren gab es drei SIT-Feldversuche: in Tanga/Tansania, in Bobo-Dioulasso/Burkina Faso, das damals noch Obervolta hieß, und in Vom/Nigeria. Die Zusammenarbeit mit diesen Projekten brachte mich nach Afrika, und ich nutzte natürlich jede Reise, auch die übrige Tierwelt, von der Serengeti in Tansania bis zum Niokolo-Koba-Nationalpark in Nigeria, kennenzulernen.

Schimpansen – zurück zur Natur

Schon als Student hatte ich George B. Schallers 1963 erschienenes Buch „The Year of the Gorilla" gelesen. Schaller war der Erste, der Berggorillas in den Virungabergen Ruandas beobachtet hatte, und zwar schon in den Fünfzigerjahren, also lange vor Dian Fossey. Natürlich kannte ich auch sämtliche Bücher von Jane Goodall und Dian Fossey. 1978 aber erschien ein Buch über Schimpansen, „Die Affenschule – Neue Wege der Wildtierforschung", von einer Stella Brewer, von der ich noch nie etwas gehört hatte. Das Buch beschrieb den Versuch, in Menschenhand aufgewachsene Schimpansen wieder in die Natur zu integrieren, und zwar in Gambia. Das interessierte mich, denn in Gambia gibt und gab es überhaupt keine Schimpansen. Da Nigeria und Gambia nicht weit auseinander liegen, nahm ich mir vor, meinen nächsten Besuch in Vom mit einem Abstecher nach Gambia zu verbinden. Das war allerdings gar nicht so einfach, wie ich es mir vorgestellt hatte. Zuerst musste ich von Vom, was in Zentralnigeria liegt, nach Lagos fliegen. Nach einer Nacht für 400 US-Dollar im schäbigen Airport Hotel ging es mit einem Seelenverkäufer der Nigerian Airlines den ganzen nächsten Tag die westafrikanische Küste entlang, erst von Lagos nach Lomé in Togo, von dort dann nach Abidjan an der Elfenbeinküste. 20 Minuten später landeten wir in Conakry, der Hauptstadt von Guinea. Kaum wieder gestartet, setzte der Flieger auch schon zum Landeanflug in Freetown/Sierra Leone an. Der letzte Zwischenstopp war Bissau in Guinea-Bissau, bevor ich am Abend endlich Banjul, die Hauptstadt Gambias, erreichte. Aber das Ziel war den Horrortrip wert. Ich bin danach noch oftmals in Gambia gewesen.

In den Siebzigerjahren trainierte Stella Brewer in Gambia konfiszierte Schimpansen für ein selbstständiges Leben in der Natur.

Vorsichtig nähert sich ein Palmgeier einer Wasserstelle um zu trinken.

Eddie Brewer, Stellas Vater, lebte und arbeitete schon seit 1957 in Gambia, zuerst als britischer Forstbeamter, nach Erlangung der Unabhängigkeit des kleinen Landes 1965 als Naturschutzdirektor für die Regierung des jungen Staates. Auf seine Initiative hin entstand 1968 das erste Naturschutzreservat Gambias: Abuko, unweit der Hauptstadt Banjul. Hierhin hatte Eddie sein Büro verlegt und hier wohnte er auch mit seiner Familie, sodass er jede freie Minute mit der Beobachtung und dem Fotografieren von Vögeln verbringen konnte. Dafür hatte er sich mehrere „Photo-Hides" im Park eingerichtet. Ungezählte Stunden habe ich bei meinen Besuchen in Abuko hier verbracht, wobei mir die besten Vogelaufnahmen gelangen, die ich je in meinem ganzen Leben gemacht habe.

In seiner Eigenschaft als Naturschutzdirektor konfiszierte Eddie Brewer erstmals 1969 nach Gambia eingeschmuggelte Schimpansen. Woher sie genau kamen, ließ sich nicht mehr ermitteln. Fest stand jedoch, dass sie nur auf der Durchreise zu den Kanarischen Inseln waren. Damals konnten sich Urlauber auf den Kanaren mit kleinen Schimpansen auf dem Arm fotografieren lassen. Einem Schimpansen ein lustiges T-Shirt überzuziehen und ihn dann mit ahnungslosen Touristen zu fotografieren, ist noch keine Tierquälerei. Aber die Umstände, unter denen man sich solche Tiere beschaffte und sie später entsorgte, wenn man sie nicht mehr brauchte, waren höchst tierschutzrelevant. Die „Fotochimps" wurden nämlich ihren Müttern entrissen. Da Schimpansenmütter ihre Jungen nicht freiwillig hergeben, erschießt man sie einfach – und alle anderen Schimpansen, die sich einem in den Weg stellen, gleich mit. Als Fotochimp taugt ein Schimpanse nur, solange er klein ist. Erwachsene Schimpansen haben zwar kürzere Beine als wir, sind uns aber kräftemäßig haushoch überlegen. Sie stellen eine Gefahr dar, die man Touristen nicht zumuten kann. Um sie loszuwerden, schickte man sie ihren Müttern hinterher in den Schimpansenhimmel.

Nachdem ihre Wiederansiedlung im Niokolo-Koba-Nationalpark gescheitert war, wurden die Schimpansen auf den Baboon-Islands im Gambiastrom entlassen.

Eine Tsetsefliegenfalle im Kölner Zoo erinnert an die 25-jährige Tätigkeit seines neunten Direktors.

Wenn es heute keine Fotochimps mehr gibt, liegt das nicht etwa daran, dass die Menschen vernünftig geworden sind, sondern daran, dass es kaum noch Schimpansen gibt, die man für diesen Zweck fangen kann. Statt Fotochimps gibt es allerdings heute „Fernsehchimps", wie z.B. Charly, den ZDF-Schimpansen, der sich höchster Einschaltquoten erfreut. Wer fragt schon danach, was mit den ausgedienten Fernsehschimpansen geschieht. Für ein Leben in einer Schimpansengruppe sind sie jedenfalls verdorben.

Genau da lag damals auch Eddies Problem. Wohin mit den konfiszierten Schimpansen? Man kann sie nicht einfach irgendwo in einem Wald aussetzen, denn viele Verhaltensweisen, die die Tiere zum Überleben und im Umgang mit Artgenossen benötigen, sind ihnen nicht angeboren. Sie müssen erlernt werden. Das ist bei Schimpansen nicht anders als bei Menschen. Ein fünfjähriges Menschenkind kann man auch nicht einfach im Urwald aussetzen. Es würde nicht überleben. Wie sollten vier- oder fünfjährige Schimpansen das können? Eddies Tochter Stella hat es damals übernommen, den kleinen Schimpansen beizubringen, was sie für ein Leben in der Natur wissen müssen. Sie hat ihnen gezeigt, was man im Wald essen kann und wie man Gefahren vermeidet. Das hört sich sehr einfach an. Tatsächlich ist es aber ein sehr mühsames, viele Jahre dauerndes Unterfangen. Letztlich bleiben solche Tiere aber für den Rest ihres Lebens Verhaltenskrüppel, die sich im Zweifelsfall immer noch eher als Menschen denn als Schimpansen ansehen. Das kann einerseits für Menschen gefährlich werden, andererseits sind sie „richtigen" Schimpansen unterlegen. Das zeigte sich, als Stella ihre Schimpansen, nachdem sie ihre Affenschule absolviert hatten, im Niokolo-Koba-Nationalpark im Senegal, dem westlichsten Vorkommen von Schimpansen, aussetzte. Eines Tages trafen sie dort auf eine Gruppe einheimischer Schimpansen – und wurden von ihnen heillos verprügelt. Stella musste ihre Tiere wieder einsammeln und sie hat sie dann auf den Baboon-Islands im Gambiastrom ausgesetzt, wo ihnen niemand, nicht Mensch, nicht Schimpanse, in die Quere kommen kann. Dort leben sie übrigens heute noch und haben sich inzwischen auf über 75 vermehrt.

Zu den Tsetsefliegen bleibt nachzutragen, dass die SIT zu ihrer Bekämpfung funktioniert. Auf der Insel Sansibar gelang es sogar, eine dort vorkommende Tsetsefliegenart völlig auszumerzen. Die Methode ist nur sehr aufwendig und teuer und deshalb gegenüber dem viel billigeren Einsatz von Insektiziden nicht konkurrenzfähig. Mir persönlich haben die Tsetsefliegen zur Habilitation verholfen und eine ehrenvolle Auszeichnung, den Insect Physiology Prize 1979, eingebracht und sie sind mir natürlich ans Herz gewachsen. Teilnehmer an Studienreisen nach Afrika können ein Lied davon singen, wie ich sie stundenlang mit diesen faszinierenden, wahrscheinlich am besten erforschten Kreaturen Afrikas unterhalten konnte. Auch der Kölner Zoo kann die wissenschaftliche Herkunft seines neunten Direktors, der seinen Dienst am 15. Juli 1981 antrat, nicht verleugnen. Wahrscheinlich ist der Kölner Zoo der einzige der Welt, in dem eine Original-Tsetsefliegenfalle steht. Es ist noch keine Tsetsefliege vorbei gekommen. Wenn aber eine kommt, können Sie sicher sein: Wir kriegen sie.

Eine Gruppe von Husarenaffen an einer Wasserstelle im Naturschutzreservat Abuko in Gambia.

VOM ARTENSCHUTZABKOMMEN ZUM ERHALTUNGSZUCHTPROGRAMM

Der Kölner Storchenkrieg

Im März 1969 war erstmals ein fremder, frei fliegender Storch im Kölner Zoo erschienen. Im August verließ er Köln zwar wieder in Richtung Afrika, kehrte aber im März des nächsten Jahres wieder zurück, und zwar diesmal für immer. Mittlerweile verpaart mit einer Zoostörchin, verzichtete er für den Rest seines Lebens auf den alljährlichen beschwerlichen Zug in den sonnigen Süden und blieb auch im Winter in Köln, offenbar weil er gemerkt hatte, dass er hier sommers wie winters mit genügend Nahrung versorgt wurde. Als flugfähiger Vogel, der diese Fähigkeit auch in eindrucksvoller Weise demonstrierte, weckte er von Anfang an die besondere Aufmerksamkeit des Zoopublikums und der Medien. Der Jahresbericht des Kölner Zoos von 1979 erwähnt „eine langjährige Abonnentin, die sich seit vielen Jahren um das Wohl unseres aus der Freiheit zu uns gekommenen und seit 10 Jahren Köln und seinem Storchenweibchen treu gebliebenen Storchenmann ‚Hansi' kümmerte". Dass sich ein Storch freiwillig in die Obhut eines zoologischen Gartens begibt, kommt öfter vor. Es liegt daran, dass es in Deutschland kaum noch natürliche

Von 1969-1989 hatte sich ein Storch freiwillig in die Obhut des Kölner Zoos begeben und einer Zoostörchin regelmäßig ins Bein gebissen.

Storchenbiotope gibt, was einen kontinuierlichen Rückgang der Störche zur Folge hatte. Allein von 1934 bis 1974 war der Bestand auf dem Gebiet der Bundesrepublik Deutschland von 4407 Paaren auf 1057, also um 76 % zurückgegangen und er hat seitdem weiter abgenommen. In dieser Situation sah Hansi den Zoo offenbar als letzte Zufluchtsstätte an.

Hansi verteidigte sein neues Domizil in ungewöhnlich aggressiver Weise gegen seine Artgenossen, was sogar zu Todesfällen führte, weshalb sich der Zoo veranlasst sah, seinen Storchenbestand bis auf ein einziges Paar, nämlich Hansi und seine Partnerin „Rita", zu reduzieren. Selbst seinen eigenen Nachwuchs vernachlässigte er, überließ die Aufzucht seiner Partnerin und attackierte schließlich sogar die herangewachsenen Jungstörche. Die Hoffnung, wie in einigen anderen Zoos eine Kolonie frei fliegender Störche aufzubauen, zerschlug sich daher. Die Jungstörche mussten alljährlich an andere Zoos abgegeben werden.

Mitte der Achtzigerjahre war jedoch eine neue Bundesartenschutzverordnung in Kraft getreten, nach der für jedes im Zoo gezüchtete Tier einer geschützten Art, das man abgeben wollte, bei der zuständigen Unteren Landschaftsbehörde ein Antrag auf Ausnahmegenehmigung vom Vermarktungsverbot gestellt werden musste. Da der Verordnungsgeber nicht damit gerechnet hatte, dass sich ein Storch, der ja durch die Verordnung vor dem Zugriff des Menschen geschützt werden sollte, freiwillig in die Obhut eines zoologischen Gartens begibt und dort mit einer zweifelsfrei dem Zoo gehörenden Störchin Nachwuchs produziert, sah sich die Behörde mit der rechtlich schwierigen Frage konfrontiert, ob der Nachwuchs, der aus dieser Verbindung hervorgeht, als frei geboren oder als gezüchtet zu betrachten sei. Um nur ja nichts falsch zu machen, verweigerte sie vorsichtshalber die Ausnahmegenehmigung vom Vermarktungsverbot und schlug stattdessen vor, „die Störche nach Absprache an eine Storchenschutzstation abzugeben, damit sie dort nach einem entsprechenden Training in die Natur entlassen werden können". Da der Behörde nun kein geeignetes

Ungeachtet der Gesetzeslage versorgten die Störche ihren umstrittenen Nachwuchs vorbildlich.

Storchenprojekt bekannt war, die Störche aber aus dem erwähnten Grunde nicht länger im Zoo bleiben konnten, sah sie sich nach einiger Zeit gezwungen, doch nachzugeben und die Ausnahmegenehmigung zu erteilen.

Dagegen aber erhob Regierungspräsident Franz-Josef Antwerpes Einspruch, sodass die Behörde die Befreiung vom Vermarktungsverbot kleinlaut zurücknehmen musste. In der Begründung hieß es: „Bei den Störchen handelt es sich nicht um gezüchtete, zumindest nicht legal gezüchtete Tiere, da der Storchenvater nicht im Sinne des § 11 der Bundesartenschutzverordnung der Natur entnommen worden ist." Da waren die Jungstörche aber schon an einen anderen Zoo abgegeben worden, was den Regierungspräsidenten nur noch mehr aufbrachte. Seine Unterstel-

Der Kölner Storchenkrieg in einer Karikatur von Otto Schwalge.

lungen und Beschimpfungen riefen Heinz Lüttgen auf den Plan, den Aufsichtsratsvorsitzenden. Er stellte sich vor den Zoodirektor und erhob Dienstaufsichtsbeschwerde über den Regierungspräsidenten beim Innenminister des Landes Nordrhein-Westfalen. Im Gegenzug leitete der ein Ordnungswidrigkeitsverfahren gegen den Zoodirektor ein, und zwar wegen Verstoßes gegen das Bundesnaturschutzgesetz § 20 f Abs. 1 Nr. 1 i.V.m. § 30 Abs. 1 Nr. 9 und § 20 f Abs. 2 Nr. 1 i.V.m. § 30 Abs. 2 Nr. 4 und verhängte ein Bußgeld in Höhe von 1055 DM.

Dies alles störte die Störche überhaupt nicht, und sie brüteten auch im folgenden Jahr wieder mit Erfolg zwei Eier aus. Wegen der ungeklärten Rechtslage wusste die Kölner Obrigkeit nun aber gar nicht mehr, was sie machen sollte. Deshalb wurde ihr die Entscheidung vom Regierungspräsidenten abgenommen. Er wies sie nämlich an, die Jungstörche unverzüglich zu beschlagnahmen und an einem Ort ihrer Wahl in die Natur zu entlassen. Die Störche wurden daraufhin in der Storchenstation Schwarzach im Odenwald eingestellt. Mit einer Einstellung ist nämlich nur eine Ortsveränderung, aber keine Veränderung des Besitzverhältnisses verbunden. Es handelt sich lediglich um eine Verlegung des regelmäßigen Standortes. Diese aber ist nicht genehmigungspflichtig, sondern nur anzeigepflichtig.

Da nicht nur ganze Tiere der geschützten Arten, sondern auch Teile von ihnen vom Vermarktungsverbot der Bundesartenschutzverordnung betroffen waren und auch verschenken juristisch als vermarkten eingestuft wird, hatten wir angefangen, für jede einzelne Feder von Störchen oder anderen geschützten Vögeln, die die Tierpfleger bei der Reinigung der Stelzvogelwiese aufgelesen hatten, um damit Kindern eine Freude zu bereiten, bei der Behörde einen Antrag auf Befreiung vom Vermarktungsverbot zu stellen. Nun bemerkte auch das Bundesministerium für Umwelt, Naturschutz und Reaktorsicherheit, dass es mit seiner Bundesartenschutzverordnung übers Ziel hinausgeschossen war, und erließ die „Erste Verordnung zur Änderung der Verordnung zum Schutz wild lebender Tier- und Pflanzenarten“. Daraufhin musste im Storchenkrieg das Ordnungswidrigkeitsverfahren gegen den Zoodirektor eingestellt und dem Widerspruch gegen die Ordnungsverfügung zur Beschlagnahmung der Nachzucht stattgegeben werden. Nachdem nun sämtliche Rechtsunklarheiten beseitigt waren, machte Hansi nicht mehr mit. Eines Morgens lag er tot auf der Storchenwiese des Zoos. Er muss 24 oder 25 Jahre alt geworden sein. Das Höchstalter von Störchen in der Natur liegt bei 21 Jahren – was übrigens bestätigt, dass die Lebenserwartung von Tieren im Zoo in der Regel höher ist als in der Natur.

Die Kölner haben sich damals über den Storchenkrieg, wie er von den Medien bezeichnet wurde, sehr amüsiert, und natürlich hat sich auch – wie könnte es in Köln anders sein – der Karneval des Themas bemächtigt. Mit deutscher Gründlichkeit war hier ein in Wirklichkeit ernstes Thema zur Groteske verdreht worden. Schließlich konnte der Eindruck entstehen, als stünden den Hütern des Gesetzes, die doch nichts weiter wollen, als die bedrohte Tierwelt vor dem endgültigen Aussterben zu retten, die bösen Zoos gegenüber, die sich skrupellos über sämtliche Naturschutzgesetze hinwegsetzen, nur um mit möglichst vielen Tierbabys möglichst viele Besucher anzulocken und einen möglichst großen Reibach zu machen. Dieser Eindruck täuscht jedoch.

SSP und EEP – Eine Idee setzt sich durch

Es ist nur in Vergessenheit geraten, dass die Zoos selber an der Schaffung nationaler und internationaler Bestimmungen zum Schutz der Natur, insbesondere zur Kontrolle des Handels mit Tieren und Pflanzen der bedrohten Arten und deren Produkten maßgeblich und initiativ beteiligt waren. Schon 1962, also lange bevor es das Washingtoner Artenschutzübereinkommen (WA) gab, beschloss die Internationale Union der Direktoren Zoologischer Gärten (IUDZG), auf Wildfänge der besonders bedrohten Tierarten, wie z.B. Orang-Utans, zu verzichten. 1964 forderten IUDZG und IUCN (International Union for the Conservation of Nature and Natural Resources), die Weltnaturschutz-Union, gemeinsam eine weltweite Kontrolle des Handels mit bedrohten Tier- und Pflanzenarten. Dieser Forderung kamen 1969 zuerst die USA mit dem Endangered Species Act nach. 1973 luden sie zu einer internationalen Konferenz nach Washington ein. Dort wurde die Convention on International Trade with Endangered Species (CITES) beschlossen, die nach ihrem Entstehungsort auch als Washingtoner Artenschutzübereinkommen bezeichnet wird. In Deutschland trat es 1976 in Kraft.

Vielleicht hatten die Zoos es vorher nur nicht richtig bedacht. Nun wurde ihnen jedenfalls klar: Die von ihnen selbst geforderte Beschränkung bei der Entnahme von Tieren aus der Natur hatte tief greifende Auswirkungen auf ihre Tierbestände. Während man früher beim Tierhändler nur zu bestellen brauchte, was man gerne gehabt hätte, musste man nun die

Mit dem Species Survival Plan (SSP) legte der Amerikanische Zooverband 1982 den Grundstein für die koordinierten Zuchtprogramme der Zoos.

Bill Conway (r.), langjähriger Direktor des altehrwürdigen Zoos in der New Yorker Bronx, ist der geistige Vater der koordinierten Zuchtprogramme.

Tiere, zumindest der bedrohten Arten, die man den Menschen zeigen wollte, selbst züchten. Da in den Siebzigerjahren auch schon feststand, dass die Zahl derjenigen Tierarten, die in ihrer Existenz bedroht sind, eher zu- als abnehmen wird, konnte man sich ausmalen, dass langfristig nur solche Tiere in den Zoos übrig bleiben werden, deren Bestände sich durch Nachzuchten selbst erhalten. In den USA war es Bill Conway, der Direktor des ehrwürdigen New Yorker Zoos in der Bronx, für mich der brillanteste Kopf unter den Zoodirektoren Amerikas, der seinen Kollegen dieses Zukunftsszenario ausmalte. Er legte ihnen aber auch einen Lösungsvorschlag vor, nämlich den Species Survival Plan (SSP). 1982 wurde dieser Plan vom Amerikanischen Zooverband (AZA) angenommen. Bei Tieren, die im Rahmen des SSPs gemanagt werden, verzichten die Zoos auf ihre Besitz- und Verfügungsrechte. Stattdessen überlassen sie diese einem Koordinator, der das Zuchtbuch der betreffenden Art führt und bestimmt, welche Tiere in welchem Zoo zu Zuchtpaaren oder Zuchtgruppen zusammengeführt werden, wann und wie oft diese zur Zucht zugelassen werden und was mit dem Nachwuchs passiert.

1982 durfte ich erstmals als Observer an einer Jahrestagung des Internationalen Zoodirektorenverbandes teilnehmen. Observer bedeutet Beobachter. In Wirklichkeit war man aber weniger Beobachter als Beobachteter. Die IUDZG war nämlich damals ähnlich wie ein Lions- oder Rotary-Club recht elitär, und es wurde noch längst nicht jeder in den Klub aufgenommen, nur weil er Zoodirektor war. Heinz-Georg Klös, der Direktor des Berliner Zoos, war sein Präsident. Bei dieser Konferenz trugen die Amerikaner ihren Species Survival Plan (SSP) vor, und es wurde lange darüber diskutiert. Außerdem sprach mich am Rande der Konferenz ein junger Amerikaner, Nate Flesness, an und warb mich für ISIS, das International Species Inventory System. ISIS wollte eine computergestützte, weltweite Tierbestandsdatei aufbauen. Ich war von der Idee begeistert und wurde als erster Deutscher Mitglied von ISIS, obwohl der Kölner Zoo zu diesem Zeitpunkt noch keinen einzigen Computer besaß.

Als sich die Zoodirektoren ein Jahr später in Melbourne wieder trafen, stellte man fest, dass man auf dem Wege zu den koordinierten Zuchtprogrammen nicht einen Schritt weitergekommen war. Um endlich voranzukommen, wurde deshalb ein Policy Statement verabschiedet, in dem sich die Zoos verpflichteten, in den verschiedenen Regionen der Welt koordinierte Zuchtprogramme zu entwickeln und sich daran natürlich auch zu beteiligen. In Europa war das allerdings sehr viel schwieriger als in Amerika. Zwar gab es in den meisten europäischen Ländern nationale Zooverbände. Aber es gab keinen europäischen Zooverband, um so etwas zu organisieren. Am Rande der nächsten internationalen Konferenz setzten sich zwar einige europäische Zoodirektoren zusammen und überlegten, wie sie es den Amerikanern gleichtun könnten. Aber keiner wusste so recht wie. Ich selber warb auf der Jahrestagung des Verbandes Deutscher Zoodirektoren (VDZ) 1985 in Krefeld in einer flammenden Rede für die Einrichtung koordinierter Zuchtprogramme in Europa. Aber auch die Zoos in den anderen europäischen Ländern mussten ja überzeugt werden.

Deshalb ergriff im selben Jahr Dick van Dam, der Direktor des Rotterdamer Zoos und nun Präsident der IUDZG, gemeinsam mit Bart Lensink/Amsterdam und Fred Daman/Antwerpen die Initiative. Die Drei luden alle europäischen Zoodirektoren zu einer Konferenz nach Antwerpen ein. Natürlich fuhr ich dorthin, war aber dann doch sehr erstaunt, dass bei einem so wichtigen Thema nur vier weitere Kollegen, nämlich Bent Jorgensen/Kopenhagen, Ilkka Koivisto/Helsinki, Jean-Marc Lernould/Mulhouse und Christian Schmidt, damals noch Kurator für Säuger und Vögel in Zürich, der Einladung gefolgt waren. Wollten wir Erfolg haben, mussten vor allem die deutschen Zoos, die stärkste Fraktion der europäischen Zoogemeinschaft,

Weiblicher Borneo-Orang-Utan Tjintah 1995 mit ihrer drei Monate alten Tochter Tara im Kölner Zoo.

von der Notwendigkeit koordinierter Zuchtprogramme überzeugt werden. So bot ich an, im November desselben Jahres ein zweites Treffen in Köln zu organisieren. Im Oktober hatte ich einen Unfall mit zwei Schimpansen, die mich ziemlich übel zugerichtet hatten, und ich lag deswegen vier Wochen im Krankenhaus. Am 14. November 1985 trafen sich Wilbert Neugebauer, der Direktor des zoologisch-botanischen Gartens Wilhelma in Stuttgart, Christian Schmidt aus Zürich und Karl-Heinz Winkelsträter, Direktor des Saarbrücker Zoos und derzeitiger Präsident des Verbandes Deutscher Zoodirektoren, an meinem Krankenbett, um mit mir die Marschrichtung für das Treffen festzulegen. Ich bestand darauf, die Teilnehmer der Tagung wenigstens zu begrüßen und verließ, noch immer von oben bis unten bandagiert, am nächsten Tag das Krankenhaus. 26 Zoos aus neun verschiedenen Ländern waren dieses Mal der Einladung gefolgt. Wilbert Neugebauer leitete die Sitzung mit großem Geschick und er wurde am Ende einstimmig zum ersten Vorsitzenden des EEP-Komitees gewählt. Ich selber übernahm 1988 den Vorsitz, bis mich 1994 Dieter Jauch, der inzwischen Wilbert Neugebauers Nachfolger als Zoodirektor in Stuttgart geworden war, ablöste. Der 15. November 1985 wird heute als die Geburtsstunde der Europäischen Erhaltungszuchtprogramme betrachtet. Die ersten 19 EEPs wurden an diesem Tage aus der Taufe gehoben. Die Bezeichnung EEP war eine bewusste Anspielung auf die Abkürzung SSP für den amerikanischen Species Survival Plan. Auf Vorschlag von Wilbert Neugebauer wählten wir auch dasselbe Logo für die koordinierten Zuchtprogramme. Es zeigt ein Schwarzes Nashorn mit einem Kalb, also eine Tierart, deren Bestand zum Ende des 20. Jahrhunderts wie bei keiner anderen Großsäugerart vor unseren Augen dahinschwand. Alle Zoos in Europa, in Amerika und auch in anderen Teilen der Welt benutzen heute dieses Logo, um Tierarten, die einem zooübergreifenden Management unterliegen, kenntlich zu machen und um so zu demonstrieren, wie sie sich bemühen, bedrohte Arten durch Zucht vor dem endgültigen Aus zu bewahren. Heute ist das schwarze Nashorn als Symbol für die koordinierten Zuchtprogramme der Zoos so bekannt wie der Große Panda als Symbol des WWF.

Weltweit wird heute ein Spitzmaulnashorn mit seinem Jungtier als Logo für die koordinierten Zuchtprogramme zoologischer Gärten verwendet.

Die Einführung der koordinierten Zuchtprogramme gegen Ende des 20. Jahrhunderts war ein revolutionärer Schritt in der Entwicklung der Zoos, der nur mit der Umwälzung verglichen werden kann, die Carl Hagenbeck zu Beginn des Jahrhunderts mit der Eröffnung seines Tierparks in Hamburg-Stellingen ausgelöst hat. Dieses Mal betraf sie jedoch nicht die Präsentation der Tiere gegenüber dem Publikum, also das äußere Erscheinungsbild der Zoos, sondern die für die Aufrechterhaltung eines artenreichen Tierbestandes notwendigen Managementmethoden. Das Washingtoner Artenschutzabkommen setzte dem Zeitalter des Tierfangs und -imports, zumindest was die bedrohten Arten betraf, ein Ende. Allerdings muss man an dieser Stelle betonen, dass es nicht der Tierfang war, der an der Existenzbedrohung so vieler Arten schuld war, schon gar nicht der im Auftrag der zoologischen Gärten. Schon damals, als die Idee eines Artenschutzabkommens noch ganz neu war, also in den Sechzigerjahren, waren die Zoos nur zu 1 % am internationalen Tierhandel beteiligt. Die weitaus überwiegende Zahl importierter Tiere war immer schon für private Tierhalter bestimmt.

Viele Tiergärtner mussten sich an das neue Zeitalter erst gewöhnen. Aber der erste Schritt war 1985 getan. Die an den Erhaltungszuchtprogrammen teilnehmenden Zoos trafen sich von da an jährlich, um anstehende EEP-Probleme zu besprechen. Diese

Treffen fanden zunächst jeweils am Vortag der Jahrestagung des VDZ statt. Da kamen sowieso alle deutschsprachigen Zoodirektoren zusammen. Ich verband damit die Hoffnung, dass die deutschen Zoos die Führung bei den Zuchtprogrammen übernähmen. Aber die holländischen Zoos, obwohl viel weniger als die deutschen, waren besser organisiert. Inzwischen gab es so viele EEPs und teilnehmende Zoos in Europa, dass es einer Geschäftsstelle bedurfte, um die Arbeit zu bewältigen. Bis heute ist die Zahl der EEPs auf 172 und die der ESBs (Europäische Zuchtbücher) auf 166 gestiegen. Damals bot der holländische Zooverband an, ein EEP Executive Office am Amsterdamer Zoo einzurichten. 1991 waren alle damit einverstanden. Erster Direktor der Geschäftsstelle wurde Bert de Boer, bis dahin wissenschaftlicher Mitarbeiter und Vordenker Dick van Dams in Rotterdam. Das EEP Executive Office entwickelte ein EEP Manual, in dem die Spielregeln für die EEPs niedergelegt waren, sowie ein Computerprogramm zur Erfassung und Verarbeitung aller Daten der an einem Zuchtprogramm beteiligten Tiere. Bald sah ich auch keinen Sinn mehr darin, die EEP-Konferenzen mit den Jahrestagungen der deutschen Zoos zu verknüpfen. So fand die EEP-Konferenz 1991 in Budapest, erstmals also in Osteuropa, statt. Schließlich war die EEP-Bewegung eine gesamteuropäische.

ISIS – Computer erobern die Zoos

Mit Computern taten sich die deutschen Zoos anfangs sehr schwer. Ich hatte die Firma IBM dazu gebracht, zehn Zoos in Deutschland kostenlos PCs zur Verfügung zu stellen, und wir veranstalteten einen Einführungskurs in Köln. Aber man blieb ISIS gegenüber skeptisch. Vielleicht lag es daran, dass es sich um eine amerikanische Einrichtung handelte. Deshalb gründeten wir am Rande der 5th Conference on Breeding Endangered Species in Captivity, die 1988 in Cincinnati/Ohio stattfand, ISIS neu als internationale mitgliedergestützte Selbsthilfeorganisation. Dem Grün-

1987 bediente Lydia Kolter den ersten in einem deutschen Zoo eingesetzten Computer.

Das Gründungskomitee von ISIS, sitzend: John Knowles/Marwell, Lee Simmons/Omaha, George Rabb/Brookfield, stehend: Gunther Nogge/Köln, Nate Flessness/ISIS, Karen Sausman/Palm Desert, John de José/Perth.

dungskomitee gehörten außer drei Amerikanern, George Rabb, Brookfield-Zoo/Chicago, Lee Simmons, Omaha, und Karen Sausman, The Living Desert/Palm Desert, auch ein Australier, nämlich John de José, Perth, und zwei Europäer, John Knowles, Marwell, und ich selber als deutscher Vertreter an. Die Internationalisierung hat tatsächlich geholfen. Der Internationale Zooverband begrüßte den Schritt und empfahl seinen Mitgliedern auf der im selben Jahr stattfindenden Jahrestagung in Stuttgart, Mitglied der neuen Organisation zu werden. Heute hat ISIS über 825 Mitglieder in 80 Ländern, und die Datenbasis umfasst zwei Millionen Individuen 10.000 verschiedener Tierarten. ISIS stellt seinen Mitgliedern darüber hinaus eine Reihe von Computerprogrammen zur hausinternen Datenverarbeitung zur Verfügung, wie ARKS (Animal Record Keeping System), SPARKS, die dazugehörige Zuchtbuch-Software, med-ARKS, ein Programm für die Veterinäre, und REGASP (Regional Animal Species Collection Plan), ohne deren Hilfe sich heutige Kuratoren eine Pflege ihrer Tierdateien gar nicht mehr vorstellen können. Inzwischen hat der Fortschritt der Informationstechnik (IT) die Entwicklung einer neuen, alles erfassenden Software, ZIMS (Zoological Information Management System), notwendig gemacht.

Als wir 1985 die koordinierten Zuchtprogramme begannen, basierten sie ausschließlich auf der Einsicht und freiwilligen Zusammenarbeit zoologischer Gärten. Niemand musste an den EEPs teilnehmen. Aber schon bald hatte jeder begriffen, dass man nur noch an Gorillas, Panzernashörner oder Ameisenbären kam, wenn man bei den EEPs mitmachte. Der primäre Zweck koordinierter Zuchtprogramme war also die Erhaltung der Tierbestände in den Zoos, sodass diese dauerhaft den Menschen die Begegnung mit Tieren ermöglichen konnten, die sie meist nur aus dem Fernsehen kannten. Um langfristig sich durch Zucht selbst erhaltende Tierpopulationen aufzubauen, braucht man auch weder einen Zooverband noch Verwaltungsstrukturen oder -formalismen. Die Arbeit, die zweifellos mit den EEPs verbunden ist, wird von den Teilnehmern selbst, und zwar freiwillig, übernommen. Koordinatoren der einzelnen Zuchtprogramme sind Mitarbeiter der Zoos selber. Suchte ein Kurator früher z.B. eine neue Partnerin für einen Persischen Leoparden in seinem Zoo, musste er endlose Tierangebotslisten von zoologischen Gärten und Tierhändlern durchforsten und, wenn er nicht fündig wurde, selber Suchlisten in alle Welt verschicken. Heute wendet er sich nur an den betreffenden Koordinator, der den gesamten Bestand in Europa kennt und weiß, welcher Zoo ein Tier abzugeben hat und ob es zum eigenen passt. In der Zeit, die der Kurator so einspart, kann er selber die Koordination eines Programms übernehmen. So koordinierten z.B. die Kuratoren des Kölner Zoos die EEPs von Balistaren, Varis, Kleideraffen, Bartaffen, Brillenbären und Przewalskipferden.

Aus praktischen Erwägungen waren die koordinierten Zuchtprogramme in den verschiedenen Regionen der Welt etabliert worden, also z.B. in Europa, Nordamerika oder Australien. Aber für Tiere, die nur in geringer Anzahl in den Zoos und über die ganze Welt verstreut leben, gab es auch global gemanagte Zuchtprogramme. In jedem Falle bedurfte es aber bei den Zuchtbemühungen der Abstimmung und Zusammenarbeit zwischen den Regionen. Dies sicher zu stellen, blieb natürlich die Aufgabe des Welt-Zooverbandes. 1996 verabschiedete er auf seiner Jahrestagung in Denver ein Policy Statement on Collection Planning und richtete ein Committee on Inter-Regional Conservation Cooperation (CIRCC) ein.

Rembrandt oder Okapi – was ist uns mehr wert?

Ein koordiniertes Zuchtprogramm bedingt, dass die Tiere nach bestem Wissen und Gewissen auf die Zoos verteilt werden. Der einzelne Zoo verzichtet dabei auf einen Teil seiner Autonomie, unter Umständen sogar auf Geld. Ich erinnere mich noch gut, wie mir ein Kollege vor 25 Jahren vorrechnete, was er für ein Paar Kongopfaue bezahlt hatte, wie oft er diese Tiere aber nachgezüchtet und wie viel er durch den Verkauf der Nachwuchstiere verdient habe. Die Anschaffung hatte sich also sehr schnell amortisiert. Der Preis eines Tieres richtete sich nach Angebot und Nachfrage. Zwergflusspferde gehören zu den Tierarten, die erst sehr spät und ganz selten in die Zoos gekommen sind. Alle Zoos hätten diese Rarität gern gehabt, um sie gegen die normalen, großen Flusspferde auszutauschen. Nun pflanzen sich Flusspferde, ob groß, ob klein, im Zoo recht gut fort. Der Bestand an Zwergflusspferden wuchs also rasch, die Nachfrage ging infolgedessen zurück, und die Preise purzelten. Schließlich stellte man fest, dass das gute alte Hippopotamus amphibius durch den Verdrängungsprozess zur Seltenheit geworden war – was sich selbstverständlich sofort in den Preisen niederschlug. Es war auch üblich, jedes Tier in der Bilanz zu bewerten.

Eine Gruppe der seltenen Okapis im Kölner Zoo.

Ein Zwergflusspferd im Hippo-Aquarium des Berliner Zoos.

Der Wert richtete sich nach dem Anschaffungspreis, nach Alter und Geschlecht, Gesundheitszustand und Zuchtfähigkeit, wobei sich alle Parameter außer dem ursprünglichen Anschaffungspreis von Jahr zu Jahr änderten. In Köln hatte man eingesehen, dass die Bewertung jedes einzelnen Tieres – im Kölner Zoo leben rund 5000 Tiere – nicht nur eine Heidenarbeit ist, sondern auch unsinnig. Fortan wurde der Tierbestand in seiner Gesamtheit mit einem Festwert verbucht. Das war schon ein großer Fortschritt.

Beim koordinierten Zuchtprogramm sollte man nun auf einmal Tiere aufgrund der Empfehlung eines Programmkoordinators an- oder abschaffen. Wie sollte man das seinem Aufsichtsrat oder dem zuständigen Beigeordneten oder Stadtkämmerer klarmachen? Da kam die Idee des *breeding loans* auf. Die Tiere sollten, ohne dass Geld angefasst wurde, als Zuchtleihgabe von Zoo zu Zoo weitergegeben werden. Wer auf diese Weise wertvolle Tiere bekam, konnte sich freuen, wer nur abzugeben hatte, hatte zumindest vorübergehend das Nachsehen. Langfristig würde es sich schon einpendeln. Ob das ein städtischer Kämmerer begreifen würde? Ein Wegbereiter des bargeldlosen Tieraustauschs war Dick van Dam. Auf der 3. World Conference on Breeding Endangered Species in Captivity, die 1979 in San Diego abgehalten wurde, schlug er zusammen mit Bert de Boer, damals Leiter der Forschungsabteilung des Rotterdamer Zoos, die Gründung von *breeding consortia*, Zuchtgemeinschaften, vor. Finanzielle Argumente ließ er nicht gelten. „Stellt Euch vor, man hätte das Okapi Anfang des 20. Jahrhunderts nicht entdeckt", sagte er. „Es wäre vielleicht ausgestorben, ohne dass es jemand bemerkt hätte. Es wurde aber entdeckt, wir haben einige Tiere in unserer Obhut, und wir wissen, dass es vom Aussterben bedroht ist. Also müssen wir alles tun, es vor dem Aussterben zu bewahren – egal, was es kostet. Seit der Entdeckung des Okapis wurden auch mehrere Bilder von Rembrandt entdeckt, die bis dahin niemand vermisst hatte. Nun sind sie Millionen von US-Dollar wert, und jedermann hält es für richtig, dass sie für viel Geld restauriert und für künftige Generationen erhalten werden. Ebenso wenig sollte Geld auch bei der Erhaltung bedrohter Tierarten eine Rolle spielen." In der Tat war das Okapi beispielgebend gewesen. Schon 1977 hatten sich die Okapihalter zu einer Zuchtgemeinschaft zusammengeschlossen. Alle gaben ihre Tiere in den Okapipool, den sie fortan gemeinsam verwalteten. Allerdings gab es auch nur ganz wenige Okapihalter, die miteinander klarkommen mussten.

Van Dam wollte nun, dass man für alle Tiere solche Pools bildete. Für ihn waren Tiere keine Handelsware. Als auf der nächsten World Conference on Breeding Endangered Species, zu der er 1984 auf den Flevohof in Holland eingeladen hatte, ein holländischer Tierhändler erschien, setzte er ihn eigenhändig vor die Tür. Für ihn waren Tiere Leihgaben der Natur, die den Zoos anvertraut waren, und die hatten sie gefälligst entsprechend zu behandeln. Wie ernst es ihm war, erfuhr ich selber, kurz nachdem ich mein Amt in Köln angetreten hatte. Mein erstes großes Bauprojekt war das Urwaldhaus für Menschenaffen. Das Haus war längst im Bau. Was uns aber fehlte, war eine Gorillagruppe. Der Zoo hatte nur ein Paar, das mein Vorgänger 1976, also in dem Jahr, in dem das Washingtoner Artenschutzübereinkommen in Kraft getreten war, von einem Tierhändler erworben hatte. Eines Tages stand Dick van Dam vor meiner Tür, wollte den neuen Zoodirektor von Köln einmal kennenlernen und schauen, was wir da bauten. Kurz darauf erschien er wieder mit Gina, einem knapp zweijährigen Gorilla, auf dem Arm für den Aufbau einer anständigen Gorillagruppe. Auf meine Frage, was er dafür wollte, wandte er sich fast beleidigt ab, setzte sich in sein Auto und fuhr davon. Dick van Dam verkaufte keine Tiere. Ich habe nie erfahren, ob er

Gorillaweibchen Gina 1997 mit ihrem siebenjährigen Sohn Kibo und der halbjährigen Tochter Gana.

uns Gina geschenkt, getauscht oder zu Zuchtzwecken eingestellt hat. Es hat auch nie einen Vertrag gegeben. Es galt das gegebene Wort. Wenn er der Meinung war, dass Gina bei uns am besten aufgehoben war – was auch stimmte, denn sie lebt heute noch, längst mehrfache Mutter, inzwischen sogar Großmutter im Kölner Zoo –, wurde es so gemacht. Ich war von dem Moment an vom zooübergreifenden Tierbestandsmanagement überzeugt und habe mein Bestes getan, auch die anderen Zoodirektoren davon zu überzeugen.

Wenn ich heute die Eisbärenhysterie sehe, die die Medien um Knut, Flocke und Wilbär entfacht haben, frage ich mich, wieweit mir das gelungen ist. Knut war ja keineswegs der erste Eisbär, der je in einem Zoo geboren wurde. Allein im Kölner Zoo wuchsen nach dem Krieg 16 Eisbären auf. Für die Kölner Zeitungen waren junge Eisbären also überhaupt nichts Ungewöhnliches. Knut war auch nicht der erste Eisbär, der im Berliner Zoo zur Welt kam. Nur die Medien haben eine Sensation daraus gemacht. Und warum soll das, was in Berlin geklappt hat, nicht auch in Nürnberg und Stuttgart gelingen? Niedliche Eisbärenbabys steigern schließlich die Einschaltquoten und Auflagenstärken der Medien. Dass Journalisten keine Ahnung von Eisbären haben, dass diese an einen anderen Lebensraum angepasst sind als sie selber und infolgedessen auch völlig andere Lebensgewohnheiten pflegen, insbesondere was das Verhältnis der Geschlechter zueinander und den Umgang mit dem Nachwuchs betrifft, wäre allein noch nicht schlimm. Es ist ja die Aufgabe von Zoos, Laien biologische Grundbegriffe zu vermitteln. Schlimm finde ich, dass Journalisten absolut resistent gegenüber jeglichen zoopädagogischen Bemühungen, d.h. völlig unbelehrbar sind und stattdessen unverdrossen ihre Ignoranz verbreiten. Sie empören sich darüber, dass Eisbärinnen alleinerziehende Mütter und sogar darauf bedacht sind, dem Erzeuger ihrer Jungen möglichst aus dem Weg zu gehen. Sie haben auch keinerlei Verständnis dafür, dass junge Eisbären, sobald sie herangewachsen sind, das „Hotel Mama" verlassen, um ein eigenes Leben zu beginnen.

Im Zoo bedeutet das, dass sie zu diesem Zeitpunkt in einen anderen Zoo kommen, ob das den Medien passt oder nicht. Während sich aber die Stuttgarter Wilhelma auf keinerlei Diskussionen mit den Medien über den Verbleib von Wilbär einließ, sondern in Ruhe die Empfehlung des EEP-Koordinators abwartete, entfesselten die Zoos von Berlin und Neumünster einen öffentlich ausgetragenen Rechtsstreit darüber, wem Knut denn nun eigentlich gehöre, und – was es in der Geschichte der zoologischen Gärten noch nie gegeben hat – wem die durch den unverhofften Knutrummel verursachten zusätzlichen Einnahmen denn zustünden, dem Berliner Zoo, dem Tierpark Neumünster – oder vielleicht den notleidenden Zeitungen, denen sie den Goldregen letztendlich doch verdanken. Um ihren Besitzanspruch zu unterstreichen, versuchten sich beide Zoos gegenseitig mit attraktiven Destinationen für Knut zu übertreffen, ohne sich einen Deut um den EEP-Koordinator zu scheren. Dass die Öffentlichkeit von der Entwicklung der koordinierten Zuchtprogramme nicht viel mitbekommen hat, weil es den Medien viel zu langweilig erscheint, darüber zu berichten, fand ich immer sehr bedauerlich. Nun bin ich ganz froh, dass keiner fragt, wieso hier zwei Zoos offenbar keine Ahnung von populationsgenetischen Notwendigkeiten haben und es gar nicht für nötig halten, die einst gemeinsam aufgestellten EEP-Spielregeln einzuhalten.

Bild rechts oben:
Gorillagruppe im 1985 eröffneten Urwaldhaus für Menschenaffen im Kölner Zoo.

Bild rechts unten:
Insgesamt 16 Eisbären wuchsen im Kölner Zoo in den Jahren 1956-1997 auf.

Von Tallinn aus bildeten die Einwohner von Estland, Lettland und Litauen 1989 eine Menschenkette, um für die Unabhängigkeit von der Sowjetunion zu demonstrieren.

Löcheriger eiserner Vorhang

Auf die Gründung eines Europäischen Zooverbandes wurde in den Achtzigerjahren bewusst verzichtet. Aus genetischen Gründen kam es uns aber darauf an, sämtliche Tiere einer Art in Europa in den Genpool eines EEPs einzubringen. Insbesondere bei Arten mit kleinen Beständen wäre es völlig sinnlos gewesen, Zuchtprogramme auf nationaler Ebene aufzubauen. Europa aber war in den Achtzigerjahren noch durch den Eisernen Vorhang geteilt. Dennoch gab es einen regen Tieraustausch zwischen West und Ost, und es gab Konferenzen, die mal im Westen, mal im Osten stattfanden, sodass man sich auch persönlich kannte. 1987 feierte die Stadt Berlin ihr 750-jähriges Jubiläum. Was Westberlin aus diesem Anlass veranstaltete, weiß ich heute nicht mehr. In der Hauptstadt der DDR aber fand im Roten Rathaus eine internationale Tagung zum Thema „Tiergärten und Umwelt“ statt. Ich hielt dort einen Vortrag zum Thema „EEPs – Europäische Erhaltungszuchtprogramme. Eine neue Form der Zusammenarbeit zoologischer Gärten zur Erhaltung bedrohter Tierarten“.

1989 wurde der Moskauer Zoo 125 Jahre, der Tallinner Zoo 50 Jahre alt. Um die Jubiläen gebührend zu feiern, luden beide Zoos gemeinsam die internationale Fachwelt zu einer Konferenz über „Erfolge der Zoos beim Züchten der seltenen und bedrohten Tierarten“ ein, deren erster Teil in Moskau, deren zweiter in Tallinn stattfand. Das Thema meines Vortrags lautete: „Identifikationssysteme zur Markierung von Zootieren“. Damals hatten wir gerade damit begonnen, die Tiere mit Transpondern zu versehen. Dabei handelt es sich um mit einem zehnstelligen Code versehene Mikrochips, die man den Tieren unter die Haut bzw. in die Muskulatur setzt. Die Vorteile dieser Methode, die heute überall und nicht nur bei Zootieren eingesetzt wird, sind Eindeutigkeit und Fälschungssicherheit. Die Konferenz in der UdSSR fand im August 1989 statt. Es war die Zeit von Perestroika und Glasnost. Als wir in Tallinn waren, bildeten die Esten, Letten und Litauer gerade eine Menschenkette durch alle drei baltischen Staaten, um so für ihre Unabhängigkeit vom Sowjet-Reich zu demonstrieren. Da die Familie meiner Frau aus Riga stammt, fühlte ich mich solidarisch und stellte mich mit in die Reihe, und der weitere Verlauf der Geschichte hat bewiesen, dass es geholfen hat. Als wir also die EEPs Mitte der Achtziger begannen, machten die Zoos aus Osteuropa von Anfang an mit. Einem Europäischen Zooverband hätten sie allerdings niemals beitreten dürfen. Aus einem ganz anderen Grund schlossen sich dagegen 1988 die Zoos innerhalb der Europäischen Gemeinschaft zusammen.

ECAZA – Europas Zoos lassen sich nichts gefallen

„Born free" hieß 1966 ein Film nach dem gleichnamigen Bestseller von Joy Adamson, der 1960 erschienen war. Die Adamsons lebten in Kenia. Als ihre Zeit dort zu Ende ging, standen sie vor dem Dilemma, die bei ihnen lebende Löwin Elsa entweder in einen Zoo geben zu müssen oder zu versuchen, sie auszuwildern. Sie entschieden sich für die zweite Option, die dann reichlich Stoff für Buch und Film hergab. Im Film wurde Joy Adamson von Virginia McKenna, ihr Mann George von Bill Travers dargestellt. Die beiden Darsteller haben sich die Geschichte so zu Herzen genommen, dass sie ihr Leben lang nicht mehr davon losgekommen sind. 1984 gründeten sie die Born Free Foundation, einen Tierschutzverein, der zuerst Zoocheck Organization hieß, weil das erklärte Ziel die Bekämpfung von Zoos war. In Brüssel hatten sich zu der Zeit verschiedene Tierschutzorganisationen zur Euro-

1990 fand in Köln die erste gesamtdeutsche Konferenz des Verbandes Deutscher Zoodirektoren seit 1968 statt.

group of Animal Welfare zusammengeschlossen und bedrängten nun mit vereinten Kräften die Europäische Kommission und das Europäische Parlament, eine Zoo-Richtlinie zu erlassen. Um diese Forderung zu untermauern, legten sie ein Verzeichnis von über 1000 Zoos in der damals nur aus zwölf Mitgliedern bestehenden Europäischen Gemeinschaft vor. Jeder Märchenzoo mit ein paar Zicklein war darin aufgeführt. Wenn ein Restaurantbesitzer ein Lama auf der Wiese hielt, wurde er zum Zoodirektor ernannt. Auf diese Weise wollte man die ganze Innung in Verruf bringen. Da aber wollten die Zoos gern ein Wörtchen mitreden.

Um in Brüssel gehört zu werden, bedarf es allerdings einer starken Lobby. Um eine solche aufzubauen, wurde 1988 der Verband Zoologischer Gärten und Aquarien in der Europäischen Gemeinschaft ECAZA (European Community Association of Zoos and Aquaria) gegründet. Der Antwerpener Zoo, nur einen Katzensprung von Brüssel entfernt, bot an, die Geschäftsstelle des Verbandes aufzunehmen. Auf jeden Fall waren die Zoos nun an der Entwicklung der Zoo-Richtlinie, einer unendlichen Geschichte, beteiligt. 1992 wäre es fast soweit gewesen. Auf einem Gipfeltreffen in Edinburgh fiel die Richtlinie jedoch dem Subsidiaritätsprinzip zum Opfer. Man meinte, es müsse auch noch ein paar Dinge in Europa geben, die man den Mitgliedsstaaten auch ohne die sonst übliche Maßregelei aus Brüssel überlassen könne, wie z.B. zoologische Gärten. Da hatte man aber die Eurogroup of Animal Welfare unterschätzt. Sie ließ nicht locker. Da der Tierschutz in der Europäischen Union, wie die Gemeinschaft seit 1993 heißt, schon durch eine andere Richtlinie genügend abgedeckt war, nahm man das 1992 in Rio de Janeiro geschlossene Übereinkommen zur Erhaltung der biologischen Vielfalt als Aufhänger für einen neuen Anlauf auf die Zoo-Richtlinie. So steht dort zur Enttäuschung der Tierschützer Europas nur in einem Nebensatz, dass man von den Zoos erwartet, dass sie ihre Tiere anständig halten. Viel wichtiger ist der Richtlinie nun, dass die Zoos alles daransetzen, Tiere zu züchten, um sie, falls notwendig, für Wiederansiedlungen in der Natur bereitstellen zu können. Sie sollen Forschung betreiben, die zur Erhaltung von Arten beitragen und das Bewusstsein der Öffentlichkeit in Bezug auf die Erhaltung der biologischen Vielfalt fördern. Die Richtlinie 1999/22/EG des Rates vom 29. März 1999 über die Haltung von Wildtieren in Zoos verpflichtete die Mitgliedsstaaten, diese bis 2002 in nationales Recht umzusetzen. Nun ist Deutschland ein föderaler Staat, in dem Zoos – warum auch immer – Ländersache sind. Da in Nordrhein-Westfalen gerade die Novellierung des Landeslandschaftsgesetzes anstand, packte man die Zoos in die Landschaft. Auch gut. Für den Vollzug dieses Gesetzes sind die Unteren Landschaftsbehörden zuständig. Die Kölner Behörde, die sich schon mit den Störchen so schwergetan hatte, hat es bis zum Ende meiner Amtszeit (31. Januar 2007) nicht geschafft, den Kölner Zoo nach der EU-Richtlinie zu genehmigen.

1989 fiel die Berliner Mauer. Ich selber habe den denkwürdigen Augenblick zwar verpasst, weil ich mit einer Gruppe von Freunden des Kölner Zoos gerade in Afrika auf Safari war. Aber die damit eingeleitete Wende hat unmittelbare Auswirkungen auf die Zoowelt gehabt. Der Kölner Zoo hatte für 1990, noch nichts von einer Wende ahnend, zur deutschen Zoojahrestagung, damals noch in Verbindung mit dem EEP-Treffen, eingeladen. Unseren Kollegen aus der DDR war nun zwar die Ausreise gestattet, aber einen mehrtägigen Aufenthalt im Westen konnten sie sich mit ihrer Ostmark nicht leisten. Einer der großen Sponsoren des Kölner Zoos, die DEVK, machte es möglich. Zum ersten Mal seit der letzten gemeinsamen Verbandstagung 1968 in Leipzig fand in Köln also wieder eine gesamtdeutsche Zookonferenz statt, und alle kamen. Man kann ja über vieles in der DDR die Nase rümpfen, aber die Zoos hat sie ernst genommen. Da zoologische Gärten wesentliche naturwissenschaftliche Kenntnisse vermitteln und dadurch das wissenschaftliche Weltbild festigen, wurden sie als naturwissenschaftliche Schulen des Volkes betrachtet. Ihr Bildungsauftrag war sogar gesetzlich verankert. In § 67 des Gesetzes über das einheitliche sozialistische Bildungssystem hieß es: „Zoologische Gärten [. . .] haben den Bildungsprozess auf allen Stufen zu unterstützen und allen Bürgern die Gelegenheit zu geben, ihre Bildung zu erweitern und zu vertiefen." Am Ministerium für Kultur gab es eine ständige Kommission für Tiergärten, der Heinrich Dathe vorstand, der Direktor des Tierparks Berlin, des 1955 gegründeten Gegenstücks zum West-Berliner Zoo.

IZW – von der Tierparkforschungsstelle zum Leibniz-Institut

Seit 1973 gab es am Tierpark Berlin eine Forschungsstelle für Wirbeltierforschung. Diese veranstaltete auch die alternierend im Westen und im Osten stattfindenden Symposien über die Erkrankungen der Zoo- und Wildtiere. 1986 fand das Symposium in Rostock statt. Es war das einzige Mal, dass ich die DDR mit dem eigenen Wagen besuchte. Am Grenzübergang in Helmstedt brauchte man nur den Namen Dathe zu erwähnen und schon wurde man freundlich durchgewinkt. Dathe war als Direktor des Tierparks Berlin und durch seine ständige Präsenz in Funk und Fernsehen in der DDR so bekannt und beliebt wie weiland Bernhard Grzimek in der BRD. Ich weiß bis heute nicht, ob man es überhaupt durfte: Jedenfalls haben wir die Transitautobahn zunächst zu einem Abstecher in den Magdeburger Zoo und danach zu einem zweiten nach Potsdam verlassen, um das Schloss Sanssouci zu besichtigen. Die Tagung selbst fand in einem, wie sich später herausstellte, völlig „verwanzten" Interhotel in Warnemünde statt. Möglicherweise gibt es bei Frau Birthler heute noch Aufzeichnungsprotokolle über unser Bettgeflüster. Im Gegensatz zur DDR hatten wir allerdings nichts zu verheimlichen. Dass dem großen sozialistischen Bruder am 26. April 1986, also genau in der Zeit, als wir in der DDR waren, versehentlich ein Atomreaktor (Tschernobyl) um die Ohren geflogen war, erfuhren wir erst, als wir wieder zu Hause waren, aus dem Fernsehen. Am 1. Mai wurde die Tagung für die traditionelle Maiparade unterbrochen. Die Kollegen aus dem Osten mussten, die meisten aus dem Westen wollten wenigstens einmal dabei sein. Wir lehnten das ab, schon allein um damit ein Zeichen unseres Demokratieverständnisses zu setzen. Stattdessen fuhren wir die Ostseeküste entlang nach Stralsund. Die Straßen waren beängstigend leer, weil alle an den Maiparaden teilnahmen. In Stralsund war sie gerade zu Ende gegangen, als wir dort ankamen. Die größte sozialistische Errungenschaft der Stadt war ein Meeresmuseum, für dessen Unterbringung man ein Dominikanerkloster zweckentfremdet hatte. Wegen des hohen Feiertags war es jedoch leider geschlossen. Heute wird es von Harald Benke geleitet, den ich als Studenten in den Siebzigern in Bonn in die wunderbare Welt der Tsetsefliegen eingeführt hatte, der sich aber schon damals mehr für Delphine und anderes Meeresgetier interessierte als für blutsaugende Insekten.

Im ehemaligen Dominikanerkloster in Stralsund wurde nach dem Krieg ein Meeresmuseum eingerichtet. Im Chorraum der Kirche schwebt heute das Skelett eines 16 m langen Finnwales.

Die Forschungsstelle am Tierpark war ein Institut der Akademie der Wissenschaften der DDR. Nach der Wende wurde sie wie alle Institute der Akademie einer gnadenlosen Evaluierung unterzogen, ging aber als eines der ganz wenigen Institute unbeschadet daraus hervor. Aufgrund der überregionalen, internationalen Bedeutung der Forschungsstelle und des gesamtstaatlichen und wissenschaftspolitischen Interesses an der Wild- und Zootierforschung schlug die Evaluierungskommission vor, es zu erhalten bzw. umzugründen als Einrichtung der Leibnizgemeinschaft mit der Bezeichnung Institut für Zoo- und Wildtierforschung (IZW). Ich war sehr stolz, als mich der Berliner Senator für Wissenschaften, Forschung und Kultur in das Gründungskomitee, später in den wissenschaftlichen Beirat des Instituts berief. Die ersten Sitzungen fanden noch im Gebäude der Akademie der Wissenschaften am Gendarmenmarkt statt, direkt gegenüber dem Deutschen Dom. Als Gründungsdirektor beriefen wir Reinhold Hofmann, einen ausgewiesenen Wildtierbiologen an der Universität Gießen. Die offizielle Eröffnung des Instituts wurde am 9. Januar 1992 mit einem Fachkolloquium im Schloss Friedrichsfelde, das auf dem Gelände des Tierparks liegt, begangen. Bis 1999 war ich Mitglied des wissenschaftlichen Beirats und konnte so auf die Ausrichtung und Struktur des Instituts Einfluss nehmen. Sieben Jahre später wurde ich noch einmal in eine Kommission berufen, die das Institut einer erneuten Evaluierung zu unterziehen hatte. Das Institut hatte sich inzwischen erfreulich gut weiterentwickelt und es bekam eine hervorragende Beurteilung.

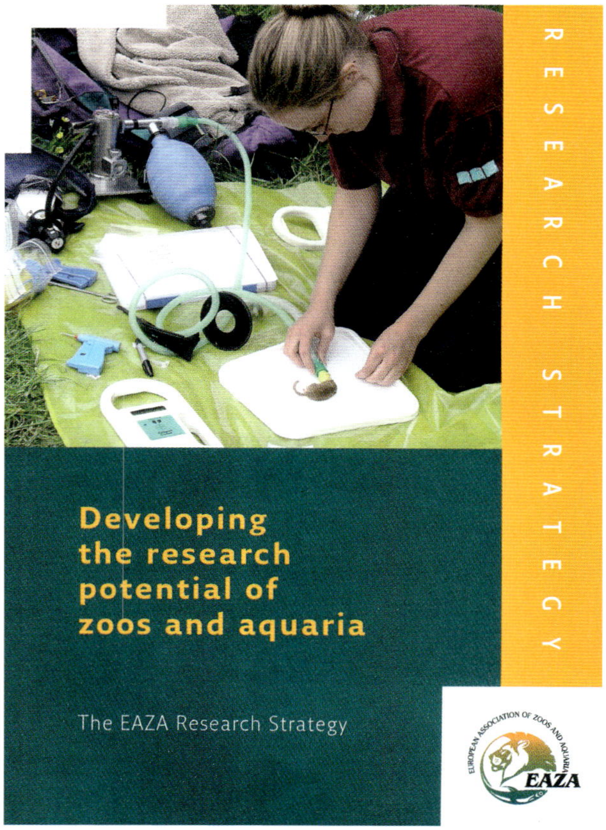

Um das Forschungspotenzial zoologischer Gärten noch besser auszunutzen, gründete der Europäische Zooverband 1995 ein Forschungskomitee.

Mir war besonders daran gelegen, die Interessen der zoologischen Gärten im IZW zu verankern. Nicht zuletzt um die Kontakte zwischen dem Institut und den Zoos zu intensivieren, bildete der Europäische Zooverband auf meinen Vorschlag hin 1995 das Research-Committee, ein Forschungskomitee, das ich bis 2002 selber leitete. 1996 veranstalteten wir erstmals gemeinsam mit dem IZW das International Symposium on Physiology and Behaviour of Wild and Zoo Animals, eine große internationale Konferenz, die seitdem jedes zweite Jahr im Wechsel mit dem Symposium über die Erkrankungen der Zoo- und Wildtiere stattfindet. Heute verfügen 19 % der europäischen Zoos über eigene Forschungsabteilungen, in denen 130 Vollzeit-Wissenschaftler beschäftigt sind. Die Zoogemeinschaft hat also die Bedeutung der Forschung für Zoos sowie das Potenzial, das jeder Zoo für die Forschung hat, erkannt, und sie hat dies alles – damit es nie wieder in Vergessenheit gerät – 2008 in einer Research Strategy fixiert. Dass man in diesem Dokument, das ja erst nach meiner Pensionierung erschien, meinen Namen und meine Bemühungen um mehr Wissenschaftlichkeit in den Zoos besonders erwähnt hat, freut mich natürlich sehr.

An dieser Stelle sei nur vermerkt, dass der Kölner Zoo selber eine Stätte der Forschung ist. Als außerplanmäßiger Professor für Zoologie hielt ich Vorlesungen an der Kölner Universität, und ich holte die Studenten zu Seminaren und Praktika in den Zoo. Aus den Teilnehmern rekrutierte ich Diplomanden, Doktoranden und Staatsexamenskandidaten, über deren

Schaffen über Hundert Arbeiten Auskunft geben. Natürlich arbeiteten auch alle Kuratoren des Zoos wissenschaftlich und betreuten die Examenskandidaten. 1985 gelang es mir sogar, eine Planstelle für Forschung durchzusetzen, die ich mit Dr. Lydia Kolter, einer ausgewiesenen Verhaltenskundlerin, besetzte. Als Nachfolger der Primatenkuratorin Uta Ruempler gewann ich 2000 Dr. Werner Kaumanns vom Deutschen Primatenzentrum. Er kannte den Kölner Zoo seit seiner Doktorarbeit über Mantelpaviane und hatte schon vom Primatenzentrum aus das EEP Bartaffen für die Zoogemeinschaft koordiniert. Nun kam er mit diesem EEP samt einer Gruppe von Bartaffen und einem Forschungs- und Naturschutzprojekt, das wegen seiner engen Verflechtung mit indischen Wissenschaftlern und Naturschützern beispielhaft war, zurück und baute eine außerordentlich rührige primatologische Arbeitsgruppe am Kölner Zoo auf.

EAZA – der größte Zooverband der Welt

Gleich nach der Wende, anlässlich der Jahrestagung von ECAZA 1990 in Bristol, schlug ich vor, den Verband zu erweitern und allen Zoos in Europa, also auch solchen außerhalb der Europäischen Gemeinschaft die Mitgliedschaft zu ermöglichen. Zwei Jahre später wurde in Stuttgart der gesamteuropäische Zooverband EAZA (European Association of Zoos and Aquaria) gegründet. Gleichzeitig kam das EEP Executive Office in die Verantwortung des Verbandes, und seit 1994 finden die EEP-Konferenzen regelmäßig in Verbindung mit den Jahrestagungen des Verbandes statt. Heute ist EAZA mit rund 300 Mitgliedszoos aus 35 Ländern der größte Zooverband der Welt. Die Mitglieder wählen ein Council, in dem alle Länder vertreten sind. Das Council wählt aus seiner Mitte für jeweils drei Jahre den Verbandsvorsitzenden. Außer dem EEP-Committee und dem Legislation-Committee, das sich nun nicht mehr allein mit EU-Recht beschäftigt, gibt es Komitees für die drei Säulen, auf denen die wissenschaftlich geleiteten Zoos stehen, nämlich Education, Research, Conservation, außerdem Komitees für die besonderen Belange der Aquarien und der Veterinärmedizin. Ziel der Verbandsarbeit ist es, allen Zoos und Aquarien in Europa zu helfen, die höchstmöglichen professionellen Standards zu erreichen. Ein Committee for Technical Assistance and Animal Welfare widmet sich speziell dieser Aufgabe. Völlig unzulängliche Zoos müssen ihre Standards verbessern, bevor sie als EAZA-Mitglied akzeptiert werden. Darüber wacht das Membership and Ethics Committee. Die Besucher eines Zoos bemerken die Existenz von EAZA meist nur, wenn sich der betreffende Zoo an einer der europaweiten Bewusstseinskampagnen beteiligt, die es seit dem Jahr 2000 gibt. Ich selber war von 1998 bis 2000 Vorsitzender von EAZA. Mein Nachfolger wurde Miklos Persanyi, der Direktor des Budapester Zoos, der 2001 ungarischer Umweltminister wurde. Unter seiner Federführung fand in Beauval an der Loire ein Future Search Workshop statt, dessen Ergebnis die EAZA Strategy for the 21st Century ist, eine Leitlinie für die zukünftige Entwicklung des Europäischen Zooverbandes.

Der 1988 gegründete Europäische Verband Zoologischer Gärten und Aquarien (EAZA) ist heute der größte Zooverband der Welt.

NATURSCHUTZ – VON DER MENAGERIE BIS ZUM NATURSCHUTZZENTRUM

Der Wisent – ein großes Tier am seidenen Faden

Dank der Zuchterfolge der Zoos kommen Wisente heute wieder in der Natur, wie hier im polnischen Nationalpark Bialowieza, vor.

1986 hatte der Breslauer Zoo zur Internationalen Zoodirektorenkonferenz eingeladen. Schon 1865 gegründet, war er einer der ältesten zoologischen Gärten in Deutschland und ist heute der älteste Zoo Polens. Von 1968 bis 2006 war Anton Gucwinski dort Zoodirektor. Seit 27 Jahren hat er einen festen Sendeplatz im polnischen Fernsehen. Dadurch ist er im ganzen Land so bekannt wie Lech Walesa, der es vom Betriebsrat bis zum Staatspräsidenten brachte, und Karol Wojtyla, aus dem Papst Johannes Paul II. wurde. Gucwinski war in Polen, was Grzimek in Westdeutschland und Dathe in Ostdeutschland war, mit dem Unterschied: „Mit der Kamera unter Tieren“ von

und mit Anton Gucwinski und seiner Frau Hannah lief bis 2007 noch im polnischen Fernsehen. Polnische Gastfreundschaft und der Ehrgeiz, aller Welt zu zeigen, wie weit es der Sozialismus gebracht hat, machten die Konferenz von 1986 zu einem unvergesslichen Erlebnis. Zum Programm gehörte auch ein Besuch des Nationalparks Bialowieza.

Viele verbinden Bialowieza mit Zubrowka oder Grasowka Wodka, denn jede Flasche dieser Spirituose enthält einen Halm vom Wisentgras (Hierochloe odorata) aus diesem Nationalpark und zeigt einen Wisent auf dem Etikett. Die Konferenzteilnehmer aber fuhren dort nicht wegen des Wodkas oder wegen des Grases hin, sondern wegen der Wisente. Mit dem Abschuss des letzten Wisents in Bialowieza am 9. Februar 1921 war die europäische Wisent-Population erloschen. Zwar gab es zu dem Zeitpunkt noch einen Restbestand im Kaukasus, aber auch um den war es 1927 geschehen. Damit war die letzte Großsäugerart Europas ausgerottet. Wisente existierten nun nur noch in einigen zoologischen Gärten, aber niemand wusste genau, wo und wie viele es waren. Auf Anregung des Frankfurter Zoodirektors Kurt Priemel wurde deshalb 1923 eine Gesellschaft zur Rettung des Wisents gegründet. Man suchte nach den Überlebenden, um sie in einem internationalen Zuchtbuch, dem ersten seiner Art, zu registrieren. Insgesamt fanden sich 56 Tiere, von denen aber nur ein Dutzend zur Zucht kam. Die rund 3000 Wisente, die es heute wieder gibt, gehen auf dieses Dutzend zurück. 1956 konnte man die ersten Wisente wieder im Nationalpark von Bialowieza aussetzen. Inzwischen ist die Population dort auf 450 Tiere angewachsen. Der Wisent ist also ein frühes Beispiel für eine Tierart, die durch die planvolle Zucht zoologischer Gärten vor dem endgültigen Verschwinden gerettet und in der Natur wieder angesiedelt wurde.

Inzwischen gibt es eine ganze Reihe von Tierarten, deren Bestände in zoologischen Gärten größer sind als in der Natur, und es gibt auch schon Arten, die es in der Natur gar nicht mehr, sondern nur noch in menschlicher Obhut gibt. Damit ist den Zoos eine neue, wichtige Aufgabe zugefallen, nämlich durch Zucht einen Beitrag zur Erhaltung der bedrohten Tierwelt zu leisten und Tiere aus ihren Beständen, wann immer es sinnvoll und möglich ist, für Wiederansiedlungen in der Natur zur Verfügung zu stellen. Mich interessierte, wie viele derartige Projekte es schon gab und welche Bedeutung sie in Zukunft haben könnten. Heute führt UNEP, die Umweltorganisation der Vereinten Nationen in Nairobi, eine EDV-gestützte Datei über solche Projekte. Damals aber wusste niemand genau, wie viele es gab. Deshalb betraute ich 1990 einen jungen Biologen, Wolfgang Arzdorf, der bei mir das Staatsexamen für das Lehramt an höheren Schulen abgelegt hatte, mit einer Studie, die vom Bundesumweltministerium, das sich ebenso brennend für diese Frage interessierte, finanziell unterstützt wurde. Der Titel der Studie lautete: „Stand, Möglichkeiten und Grenzen von Zucht und Auswilderung bedrohter Tierarten als Beitrag zum Artenschutz“. Arzdorf kam bei seinen Recherchen auf insgesamt 129 Projekte. Für 105 Arten existierten bereits Wiederansiedlungen, 24 Projekte waren in der Planungs- oder Vorbereitungsphase. Unter den 129 Arten waren elf, deren Bestände in der Natur völlig erloschen waren. Für Wisent, Milu, Formosa-Sika,

Eine Verwandte der ausgerotteten Amerikanischen Wandertaube ist die Socorrotaube. Die Zoos versuchen, ihr das Schicksal ihrer berühmten Verwandten zu ersparen.

In seiner Heimat ist der nach seiner Herkunft benannte Guam-Eisvogel ausgerottet. Die Zoos bemühen sich, ihn vor dem endgültigen AUS zu bewahren.

Die weiße Oryxantilope war in der Natur bereits völlig ausgerottet. Dank eines erfolgreichen Zuchtprogramms konnte sie in mehreren arabischen Ländern wieder angesiedelt werden.

Ein Beispiel für eine im letzten Moment durch Zucht und Wiederansiedlung gerettete Vogelart ist der nordamerikanische Schreikranich.

Arabische Oryxantilope und Rotwolf existierten bereits Wiederansiedlungsprojekte. Für die übrigen Arten, nämlich Schwarzfußiltis, Przewalskipferd, Kalifornischer Kondor, Guam-Ralle, Guam-Eisvogel und Socorrotaube waren Wiederansiedlungen geplant. 65 weitere Arten waren unmittelbar vom Aussterben bedroht oder in ihrer Existenz sehr stark gefährdet, wie z.B. das Goldgelbe Löwenäffchen, die Mendesantilope, der Manipur-Leierhirsch, die Hawaiigans, der Mauritiusfalke, der Amerikanische Schreikranich, die Puerto-Rico-Amazone und die Mauritiustaube. Die übrigen Projekte betrafen ehemals weitverbreitete, jedoch regional ausgerottete oder höchst gefährdete Arten, wie Luchs, Wolf, Weißstorch, Uhu und Wanderfalke.

Die Analyse der Projekte machte zweierlei deutlich. Erstens muss geprüft werden, ob und wie eine Auswilderung überhaupt möglich ist, und in jedem Fall muss ein derartiges Projekt sorgsam geplant, vorbereitet und schließlich durchgeführt werden. Zweitens wurden die Erfolge solcher Projekte aufgrund wachsender Erfahrung im Laufe der Zeit immer größer. Zwar gibt es kein Patentrezept. Generell müssen jedoch einige Bedingungen erfüllt sein, wenn ein Ausbürgerungsprojekt Erfolg haben soll:

Geeignete Habitate. Es versteht sich von selbst, dass Tiere nur innerhalb ihres ursprünglichen Verbreitungsgebietes wieder angesiedelt werden dürfen und dass Wiederansiedlungen nur dann sinnvoll sind, wenn die für den Rückgang oder das Verschwinden der betreffenden Art verantwortlichen Ursachen erkannt und beseitigt wurden und das Gebiet für den Aufbau einer lebensfähigen Population auch groß genug ist.

Zuchtpopulation. Das zweite Standbein für ein Wiederansiedlungsprojekt ist natürlich das Vorhandensein einer vitalen Zuchtpopulation von hoher genetischer Diversität.

Eignung, ggf. Training der auszuwildernden Tiere. Bei der Auswahl von Tieren für die Ausbürgerung spielen nicht nur genetische Gesichtspunkte eine Rolle, sondern auch die physische und ethologische Eignung der Tiere. Viele Verhaltensweisen, die für das Überleben in der Natur notwendig sind, etwa des Nahrungserwerbs, der Sicherung des Territoriums oder der Vermeidung von Gefahren, werden unter Zoobedingungen nicht benötigt und müssen, soweit sie nicht genetisch fixiert sind, erlernt und trainiert werden.

Öffentlichkeitsarbeit. Eine umfassende Aufklärung und gegebenenfalls Einbindung der Bevölkerung ist nicht nur die Voraussetzung eines Projektes, sondern sollte auch Zielsetzung im Sinne der Erziehung zum Natur- und Umweltschutz sein.

Kontrolle der Pionierpopulation. Ohne eine Überwachung der freigelassenen Tiere und der Entwicklung der Population lässt sich nicht beurteilen, ob ein Projekt erfolgreich ist bzw. welche Faktoren für einen eventuellen Misserfolg verantwortlich sind.

Das Przewalskipferd – im Galopp in die Freiheit

Als 1985 die Europäischen Erhaltungszuchtprogramme ins Leben gerufen wurden, gehörte das EEP für das Przewalskipferd zu den ersten, handelte es sich doch um eine der Arten, die es nur noch in Zoos gab. Die Koordination übernahm die Kuratorin für Huftiere des Kölner Zoos, Waltraut Zimmermann. Die Urwildpferde kamen einst weitverbreitet von Westeuropa bis Ostasien vor. Außer durch Knochenfunde sind sie in bis zu 30.000 Jahre alten Abbildungen nachgewiesen, wie z.B. in der erst 1999 entdeckten Höhle Chauvez in Frankreich. In den Steppen Mittelasiens wurde das Pferd vermutlich vor 6000 Jahren domestiziert. Es hat die Geschichte der Menschheit wie kein anderes Tier beeinflusst, denn es hat die Menschen mobil gemacht. Die Goldene Horde hätte wohl kaum jemals Liegnitz erreicht, wenn sie zu Fuß unterwegs gewesen wäre. Je mehr sich der Mensch aber ausbreitete, desto mehr verdrängte er die Wildform des Pferdes. Die letzten überlebenden Urwildpferde gab es in der Mongolei, wo sie 1877 der russische Oberst Nicolaj Przewalski entdeckte. Anfang des 20. Jahrhunderts brachte Carl Hagenbeck Przewalskipferde nach Europa.

Die heutige Zoopopulation geht auf zwölf dieser Tiere zurück. Durch den Zweiten Weltkrieg aber, in dem viele Zoos in Europa zerstört wurden, geriet die Population in ihrer Entwicklung erneut in einen Flaschenhals. Nicht mehr als 31 Tiere überlebten den Krieg. 1947 konnte zwar noch einmal eine Stute aus der Wildbahn importiert werden. Insgesamt aber kam nur ein Dutzend Tiere zur Fortpflanzung. Ungeachtet der Verarmung der genetischen Vielfalt nahmen die Zoos nach dem Kriege die Zucht wieder auf, denn sie wollten die Art nicht aufgeben. 1959 wurden alle Przewalskipferde nach dem Beispiel der Wisente in einem internationalen Zuchtbuch erfasst. Dank der Erfolge von EEP und SSP gibt es heute beinahe 1700 Tiere in menschlicher Obhut. Aber es sind die letzten ihrer Art, denn die Population in der Mongolei ist in den Sechzigerjahren endgültig erloschen.

Przewalskipferde sind die Vorfahren unserer Pferde. Ihr Erhaltungszuchtprogramm (EEP) wurde vom Kölner Zoo aus koordiniert.

Unsere Vision war, Przewalskipferde eines Tages wieder in den Steppen Eurasiens galoppieren zu sehen. Wir fragten uns aber, ob eine Art, die nun schon seit 13 Generationen in menschlicher Obhut lebt, dabei zweimal durch einen Flaschenhals in ihrer Populationsentwicklung gegangen ist und dadurch 60 % ihrer genetischen Diversität eingebüßt hat, noch über die Verhaltensweisen verfügt, die für ein Leben in der Wildbahn notwendig sind. Das testeten wir zunächst in Semireservaten, erstmals 1989 in einem 25 ha großen Gebiet in der Nähe von Dassel im Solling. Dassel war bis dahin nur als Geburtsort Rainald von Dassels bekannt, der später Erzbischof von Köln wurde und als Kanzler Kaiser Barbarossas 1164 den Mailändern die Gebeine der Heiligen Drei Könige abnahm. Unsere Pferde wurden also in einem Gehege bei Dassel ausgesetzt und sich selbst überlassen. Aber sie standen unter ständiger Beobachtung unserer Studenten. Inzwischen gibt es eine ganze Reihe von Semireservaten in verschiedenen Ländern Europas. Die Erkenntnisse, die wir in den Semireservaten erzielten, ermutigten uns 1997 zu einem großen Feldversuch im ungarischen Nationalpark Hortobagy. Die Hortobagy Puszta ist die größte mitteleuropäische Steppenregion. Einst wurde sie von Wildpferden und Auerochsen besiedelt. Im Grunde ist die Puszta das Ergebnis

einer Koevolution der Steppenvegetation und großer Weidegänger. Während der letzten Jahrhunderte nutzten die Menschen die Puszta zur Haltung von Graurindern und Militärpferden und sorgten so für die Erhaltung dieses Landschaftstyps. Heute sind diese Haustiere nicht mehr gefragt. Das Militär setzt keine Pferde mehr ein, und die Graurinder sind wirtschaftlich anderen Rindern unterlegen. Durch das Fehlen der großen Weidetiere drohte die Puszta nun zu verbuschen. Um diesen Prozess aufzuhalten, suchte man nach großen, pflegeleichten Weidegängern. Dabei kam man auf Przewalskipferde und Heckrinder. Bei Letzteren handelt es sich um Rückkreuzungen. Heinz Heck, Sohn des dritten Kölner Zoodirektors Ludwig Heck, war es in seiner Zeit als Direktor des Münchner Tierparks Hellabrunn durch Zucht und geschickte Auslese gelungen, den Phänotypus eines Rindes herauszuzüchten, der dem des Auerochsen zum Verwechseln glich. Dem Auerochsen, dem Vorfahren unserer Hausrinder, war es nicht besser ergangen als dem Wisent. Er war nur etwas früher, nämlich schon 1627, endgültig ausgerottet. So schön es ist, wieder ein Rind zu haben, das so aussieht wie ein Auerochse, es ist kein Auerochse! Deshalb spricht man auch nicht vom Auerochsen, sondern vom Heckrind. Abgesehen davon, dass unser Feldversuch mit Przewalskipferden und Heckrindern die ungarische Puszta rettete, wofür der Umweltminister Ungarns 2006 Waltraut Zimmermann den Umweltpreis „Pro Natura“ verlieh, wurden dort wesentliche Erkenntnisse über die Nahrungsökologie und die soziale Organisation der Pferde und ihr Verhalten unter Freilandbedingungen gewonnen. Inzwischen haben sich die Pferde dort auf 67 vermehrt und in sieben Haremsverbände und eine Junggesellengruppe aufgeteilt. Seit Beginn der Neunzigerjahre leben Przewalskipferde auch wieder in der Mongolei, im Nationalpark Hustain Nuruu und in der Gobi B, sowie in China, im Kalameili Naturreservat in Sinkiang. Das Beispiel zeigt, dass Projekte zur Rettung bedrohter Tierarten sorgfältig geplant und langfristig angelegt sein müssen und dass alle an einem Strang ziehen müssen, wenn sie Erfolg haben sollen.

In Ungarn helfen Przewalskipferde und Heckrinder heute den Landschaftstyp Puszta zu erhalten.

CBSG: Tiergärtner und Naturschützer vereinigt euch!

Da die Zahl der Tierarten, die unsere Hilfe benötigen, einerseits ständig wächst, andererseits aber der Platz in den Zoos für vitale, sich durch Zucht selbst erhaltende Populationen begrenzt ist, muss man die Arten für koordinierte Zuchtprogramme sorgfältig aussuchen. Man kann berechnen, wie groß eine Zoopopulation sein muss, wenn man 90 % der von den Gründertieren eingebrachten genetischen Vielfalt über einen längeren Zeitraum, z.B. die nächsten 100 Jahre, erhalten will. Die optimalen Werte liegen, ab-

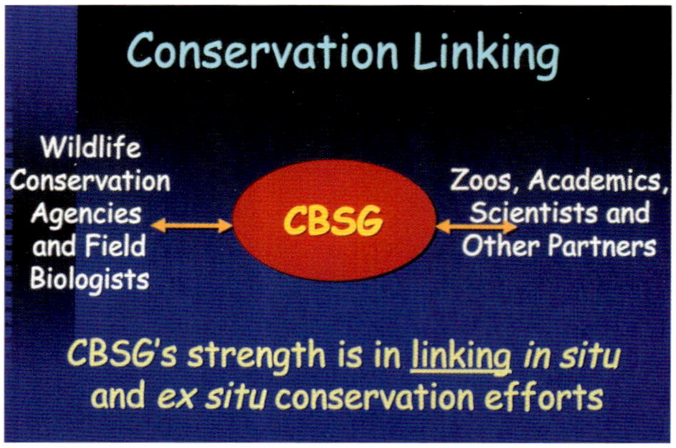

Die Conservation Breeding Specialist Group (CBSG) ist eine Spezialistengruppe der IUCN, die sich mit dem Management kleiner Populationen sowohl im Zoo wie in der Natur befasst.

hängig von der Generationenfolge, zwischen 200 und 500 Tieren. Bill Conway, der langjährige und bedeutende New Yorker Zoodirektor, hat einmal errechnet, dass die nordamerikanischen Zoos bei ihrer gegenwärtigen Platzkapazität von knapp 30.000 ha 330 Säugerarten bei einer durchschnittlichen Populationsgröße von 275 Individuen sowie 467 Vogel-, 96 Reptilien- und 32 Amphibienarten mit je 300 Individuen dauerhaft halten könnten. In der Summe sind dies zwar 975 Arten. Realistischerweise sollte man aber von einer niedrigeren Anzahl, vielleicht insgesamt 500 Arten, ausgehen, die man langfristig in sich selbst erhaltenden Populationen halten kann. Von den 320 heute als bedroht geltenden Säugetierarten ist aber nur knapp die Hälfte in zoologischen Gärten vertreten – was noch nichts darüber aussagt, ob es sich dabei um sich selbst erhaltende Populationen handelt. Sinnvollerweise sollten die Zoos sich bei der Auswahl der Arten für ihre Tierbestände auf bedrohte Arten konzentrieren und auf die Haltung nicht bedrohter verzichten. Jeder Zoo muss also für sich einen Tierbestandsplan erstellen. Dabei muss man für jede einzelne Art fragen, was man mit ihrer Haltung bezweckt. Außer Artenschutzgründen gibt es noch eine ganze Reihe von anderen Gesichtspunkten, wonach ein Zoo sich für oder gegen eine bestimmte Tierart in seinem Bestand entscheiden kann. Manchmal gibt es ein langfristiges Forschungsprojekt. Oft sind es edukative Absichten, weswegen man eine bestimmte Art braucht. Manchmal möchte ein Zoo auch nur eine Tradition pflegen. Letztlich aber hat es nur Sinn, sich für eine bedrohte Tierart zu entscheiden, wenn genügend andere Zoos in der Region es auch tun, sodass der Aufbau einer langfristig sich selbst erhaltenden Population auch gewährleistet ist. Um diesen Entscheidungsprozess zu unterstützen, hat der australische Zooverband ARAZPA (Australasian Regional Association of Zoological Parks and Aquaria) das Computerprogramm REGASP (Regional Animal Species Collection Plan) entwickelt, das mittlerweile allen Zoos über ISIS zur Verfügung steht, sodass es heute weltweit eingesetzt werden kann.

Die Auswahl von Tierarten kann man aus Sicht des Artenschutzes auch nicht den Zoos allein überlassen. Sie muss von Tiergärtnern und Naturschützern gemeinsam vorgenommen werden. Der Partner der Zoogemeinschaft im Naturschutz ist die IUCN, die Weltnaturschutzunion, die weltgrößte Naturschutzorganisation. Ihr Anliegen ist die Vernetzung aller Naturschutzexperten, ob sie in Universitäts- oder anderen Forschungsinstituten, bei Naturschutzbehörden, -organisationen oder in zoologischen oder botanischen Gärten arbeiten. Zu diesem Zweck hat die IUCN zahlreiche Spezialistengruppen gebildet. Die meisten sind auf einzelne Arten, z.B. Eisbären oder Asiatische Elefanten, oder Gruppen, wie z.B. Antilopen oder Nashörner, ausgerichtet, aber es gibt auch interdisziplinäre Spezialistengruppen. Eine ist die Conservation Breeding Specialist Group (CBSG).

Bereits 1966 nahm Ernst Lang, Direktor des Basler Zoos und zugleich Präsident des Internationalen Zoodirektorenverbandes Verbindung zur IUCN auf. Deren Species Survival Commision (SSC) richtete daraufhin ein Liaison Committee ein. 1979 ernannte der SSC-Vorsitzende Sir Peter Scott Ulie Seal zum Vorsitzenden dieses Komitees. Die hohen Erwartungen der IUCN an das Komitee in Bezug auf das Management kleiner Populationen, nicht nur im Zoo, sondern auch im Freiland, brachte er in der neuen Bezeichnung Captive Breeding Specialist Group (CBSG) zum Ausdruck. Die immer stärker werdende Bedeutung von Naturschutzaspekten führte 1994 zu einer erneuten Umbenennung in Conservation Breeding Specialist Group.

Ulie Seal war Professor für Biochemie und Endokrinologie an der Universität von Minnesota, wo er das Forschungslabor am Veteran's Administration Hospital in Minneapolis leitete. Außerdem war er ein ausgesprochener Computerfreak. Sein wissenschaftliches Interesse beschränkte sich keineswegs auf die Humanmedizin. Über Arbeiten an Wölfen, Weißwedelhirschen und Grizzlybären kam er mit Zooveterinären in Kontakt. Auf einer Konferenz amerikanischer Zootierärzte im Jahr 1969 stand der in Zookreisen noch völlig unbekannte Seal auf und sagte: „What you guys need is a good set of physiological norms for each species." Sprach's und entwickelte die erste EDV-gestützte Datenbank für Blutwerte von Wildtieren zu einem Zeitpunkt, als selbst in den USA noch kein Zoo über einen Computer verfügte. 1974 sprach er: „What the zoo world needs is a computerized species inventory system which could cover all individuals of all species in all institutions anywhere in the world" und gründete das International Species Inventory System (ISIS). Anfang der Achtziger gehörte er zu den Verfechtern des Species Survival Plans und er war der erste SSP-Koordinator für den Tiger. Ulie Seal war niemals Zoomitarbeiter oder gar Zoodirektor, und er strebte eine solche Position auch nie an. Nur die Unabhängigkeit und die Distanz zu den Zooalltagsgeschäften gaben ihm die Freiheit, Visionen zu entwickeln. Diejenigen, die die Verantwortung in den Zoos trugen, mussten seine Visionen nur in die Praxis umsetzen. Niemals zuvor hatte ein Außenstehender die Zoowelt so stimuliert wie Ulie Seal. Als ich Mitte der Neunzigerjahre Präsident der Welt-Zoo-Organisation war, schufen wir den Heini Hediger-Preis für besondere Verdienste um die Zoowelt. Ulie Seal und George Rabb, Direktor des Brookfield-Zoos in Chicago und zehn Jahre lang Vorsitzender der IUCN Species Survival Commission, waren 1996 die ersten Rezipienten.

1986 traf sich die CBSG in Köln. Hier wurde ein Policy Statemant on Captive Breeding erarbeitet, das die IUCN auf ihrer darauffolgenden Mitgliederversammlung auch akzeptierte und das später Eingang in die Weltnaturschutzstrategie „Unsere Verantwortung für die Erde" sowie 1992 in das in Rio de Janeiro beschlossene „Übereinkommen zur Erhaltung der biologischen Vielfalt" fand. Es lautet: „Biotopschutz allein reicht nicht aus, wenn das erklärte Ziel der Weltnaturschutzstrategie, die Erhaltung der biologischen Vielfalt, erreicht werden soll. Der Aufbau sich selbst erhaltender Zuchtpopulationen und andere Stützungsmaßnahmen sind notwendig, um den Verlust vieler Arten zu verhindern, insbesondere solcher, die durch weitgehend zerstörte, zerstückelte oder verkleinerte Lebensräume in höchstem Maße gefährdet sind, und zwar international koordiniert nach wissenschaftlichen, biologischen Prinzipien, um lebensfähige Populationen in der Natur erhalten oder wieder aufbauen zu können." Damit war der Durchbruch geschafft. Das Potenzial zoologischer Gärten für den Artenschutz war nun auch in Naturschutzkreisen anerkannt. Der WWF und die Zoos arbeiteten zwar schon früher zusammen. Nun vereinbarten aber auch der NABU, der Naturschutzbund Deutschland, und der VDZ, der deutsche Zoodirektorenverband, eine engere Zusammenarbeit im Naturschutz und besiegelten diese Absicht im Jahre 2000 mit einer gemeinsamen Erklärung.

Ulie Seal (r.) war erster Koordinator des SSP Tiger, Begründer von ISIS und charismatischer Vorsitzender der CBSG von 1979-2003.

Bei ihrem Treffen 1986 in Köln entwarf die CBSG ein „Policy Statement on Captive Breeding", das Eingang in die Weltnaturschutzstrategie der IUCN fand.

Die CBSG sieht ihre primäre Aufgabe darin, Methoden für die Auswahl von Arten für Zuchtprogramme zu entwickeln. Auf der Basis von Freilanddaten erstellt sie im Rahmen eines CAMP-Prozesses (Conservation Assessment and Management Plan) Prioritätenlisten für die verschiedenen Tiergruppen wie Antilopen, Katzen, Pinguine usw. Hieraus ergibt sich der Handlungsbedarf zum Schutz einzelner bedrohter Arten durch Biotopschutzmaßnahmen oder den Aufbau einer Zuchtpopulation zur Absicherung der Freilandpopulation(en). Eine Methode, mit deren Hilfe das Existenzrisiko einzelner Arten oder Habitate abgeschätzt werden kann, heißt Population and Habitat Viability Analysis (PHVA). Ist man sich darüber im Klaren, dass die Ergebnisse solcher Simulationen nur so gut sind, wie die Fakten und Annahmen, von denen man dabei ausgeht, dann sind sie für die Entscheidung, welche Arten die Zoos in ihre Obhut nehmen sollen, um durch Zucht Reservepopulationen für die Natur aufzubauen, von großer Aussagekraft.

Während Mutter Erde kaum noch weiß, wie sie ihre Kinder ernähren soll, verabschieden sich diese von der Tierwelt.

Die Welt-Zoo-Naturschutzstrategie

Der Rückgang der biologischen Vielfalt in allen Teilen der Welt war gegen Ende des 20. Jahrhunderts so offensichtlich, dass er sogar Politikern auffiel. Klima- und Weltbevölkerungskonferenzen fanden in immer kürzeren Abständen statt, allerdings ohne dass man sich zu durchgreifenden Entschlüssen durchringen konnte. 1992 trafen sich sogar die Staats- und Regierungsoberhäupter der ganzen Welt zu einem ersten Umweltgipfel in Rio de Janeiro. Sie fassten auch vielsagende Resolutionen wie das Übereinkommen über die Erhaltung der biologischen Vielfalt und die Agenda 21, die Tagesordnung für das 21. Jahrhundert. Wenn man heute, ein Jahrzehnt nach Beginn des 21. Jahrhunderts, nach der Agenda 21 fragt, weiß allerdings kaum noch einer, wovon die Rede ist. Die Zoos aber nahmen die Beschlüsse von Rio ernst und überlegten sich, wie sie noch effektiver zur Erhaltung der Biodiversität beitragen könnten, nämlich erstens durch die planvolle Zucht bedrohter Tierarten, um bei Bedarf Tiere für Wiederansiedlungen in der Natur zur Verfügung stellen zu können. Sie hatten ja bereits in der Vergangenheit ihr Potenzial auf diesem Gebiet unter Beweis gestellt. Zweitens durch verstärkte Aufklärung der Öffentlichkeit über Natur- und Umweltschutzprobleme, um die Menschen zu einem Umdenken im Umgang mit der Natur zu bewegen. 650 Millionen Menschen in aller Welt besuchen alljährlich zoologische Gärten. Welch eine Chance, all diesen Menschen die Problematik näherzubringen! Drittens durch Forschung und die Entwicklung von Methoden des Managements kleiner Populationen. Viele Tierarten leben heute schon in kleinen, isolierten Rückzugsgebieten quasi unter zooähnlichen Bedingungen. Ein Beispiel ist der Indische Tiger. Der Bestand dieser Großkatze war im Laufe des 20. Jahrhunderts bis auf 2000 Exemplare zurückgegangen. Anfang der Siebzigerjahre initiierte die Indische Premierministerin Indira Gandhi das „Project Tiger", und es wurden in ganz Indien Schutzgebiete für den Tiger eingerichtet. Das Projekt war auch sehr erfolgreich. Die Zahl der Tiger verdoppelte sich in den darauffolgenden 30 Jahren. Aber die Tiger leben in isolierten, weit von einander entfernten Rückzugsgebieten, zwischen denen es keinen Kontakt und somit auch keinen genetischen Austausch gibt. Sollen die Tiger auf Dauer überleben, muss man die in den Zoos entwickelten Methoden des Managements kleiner Populationen auch im Freiland anwenden. Das war alles nichts Neues, aber wir schrieben es erstmals in einem Dokument, der Welt-Zoo-Naturschutzstrategie, nieder. Der eigentliche Autor war Bert de Boer, bis 2009 Direktor des auf Primaten spezialisierten Zoos Aapenheul in Apeldoorn und Gründer des Gaya-Parks in Kerkrade. Schon ein Jahr nach dem Rio-Gipfel traten wir mit dem Dokument an die Weltöffentlichkeit. Es hat in der Folge sehr viel Beachtung gefunden, vor allem auch in der Naturschutzszene. Prinz Philip, der Herzog von Edinburgh, damals Präsident des World Wide Fund for Nature (WWF), bezeichnete es als wichtigen Beitrag zum Zusammenwachsen von Zoos und Naturschutzorganisationen und zur Erreichung des gemeinsamen Ziels, der Erhaltung der Artenvielfalt auf der Erde.

Ein Jahr nach dem ersten Umweltgipfel in Rio de Janeiro legten die Zoos ihre Welt-Zoo-Naturschutzstrategie vor.

1993 übernahm ich die Präsidentschaft in der Welt-Zoo-Organisation. Mein erster öffentlicher Auftritt war eine Internationale Pressekonferenz im Pressezentrum der Europäischen Union in Brüssel, um die Welt-Zoo-Naturschutzstrategie der europäischen Öffentlichkeit vorzustellen. Um die Strategie richtig bekannt zu machen, musste sie aber in die jeweiligen Landessprachen übersetzt werden und in jedem Land separat propagiert werden. Dafür waren die nationalen Zooverbände zuständig. In Deutschland machte ich mich dafür stark. Die deutsche Übersetzung erschien dann auch als Sonderdruck der „Zeitschrift des Kölner Zoos". Die Propagierung der Welt-Zoo-Naturschutzstrategie erschien mir aber nicht genug, und ich fragte mich: „Was können wir tun, damit es der Strategie nicht ergeht wie der Agenda 21?" Von Ulie Seal hatte ich gelernt, dass man sich in solchen Situationen in Klausur begibt und einen Future Search Workshop durchführt. Für die CBSG hatte er kurz zuvor einen solchen in Jamaika veranstaltet. Ich hatte daran teilgenommen und bei der Gelegenheit zwei professionelle Moderatoren für solche Workshops, Harrie Vredenburg und Frances Westley aus Kanada, kennengelernt. Ich gewann die beiden für einen Strategic Planning Workshop unseres Weltzooverbandes,

Um die Welt-Zoo-Naturschutzstrategie umzusetzen, veranstaltete der Weltzooverband 1995 in Köln einen Future Search Workshop.

Ein im Zoo geborenes und frei gelassenes Goldgelbes Löwenäffchen in Poço das Antas im Staate Rio de Janeiro.

der dann auch 1995, und zwar in Köln, stattfand. Dazu lud ich 40 Personen ein. Darunter waren Direktoren und Mitarbeiter von zoologischen Gärten und Zooverbänden aus allen Teilen der Welt, aber auch Vertreter von deutschen und internationalen Naturschutzorganisationen und -behörden, Universitäten und den Medien. Es kam mir darauf an, auch die Ansichten Außenstehender kennenzulernen und in unserer Zukunftsplanung zu berücksichtigen.

Das Ergebnis war ein 30-seitiger Strategieplan, der von den Mitgliedern der Welt-Zoo-Organisation bei ihrer Jahrestagung im Herbst desselben Jahres in Dublin als Leitlinie für die Zoo-Entwicklung während der nächsten zehn Jahre einstimmig angenommen wurde. Wir nannten den Plan „Zoo Future 2005". Die Kernaussage lautete: „Der Zoo der Zukunft ist ein Schaufenster zur Natur. Er verbindet das Zooerlebnis mit dem Naturschutz vor Ort." Zoologische Gärten blicken auf eine jahrhundertelange Geschichte zurück, in der sie sich ständig verändert haben – nicht nur ihr äußeres Erscheinungsbild, sondern auch die sie tragende Philosophie, ihr Selbstverständnis und ihre Aufgabenstellung. Aus den Menagerien früherer Jahrhunderte sind Einrichtungen entstanden, die wir heute als zoologische Gärten bezeichnen, und sie müssen und sie werden sich weiterentwickeln zu Naturschutzzentren. Der New Yorker Zoo in der Bronx hat sich 1993 als erster Zoo konsequent in „New York Wildlife Conservation Centre" umbenannt. Wichtiger aber als eine Namensänderung war die Änderung des Selbstverständnisses der Zoos im Sinne von Zoo Future 2005!

Das Löwenäffchen – Flaggschiff im Naturschutz

1994 tagte die Welt-Zoo-Organisation in São Paulo. Es war meine erste Reise nach Brasilien, und ich nutzte die Gelegenheit, mit meinem Freund Christian Schmidt nach Rio de Janeiro zu fahren. Nicht weil dort der erste Umweltgipfel stattgefunden hatte, sondern weil wir eines der spektakulärsten und erfolgreichsten Wiederansiedlungsprojekte kennenlernen wollten. Den wenigsten Teilnehmern an der Konferenz von Rio war wahrscheinlich bewusst, dass im Bundesstaat Rio de Janeiro die letzten Goldgelben Löwenäffchen lebten und dass diese ihre heutige Existenz allein den gemeinsamen Bemühungen der Zoos verdanken. 98 % des brasilianischen Küstenregenwaldes sind mittlerweile landwirtschaftlicher Nutzung, Bergbau- und Industriegebieten sowie ausgedehnten Millionenstädten zum Opfer gefallen. Ende der Sechzigerjahre stellte Adelmar Coimbra-Filho, Gründer und Leiter des Primatenzentrums von Rio de Janeiro, fest, dass die Population des Goldgelben Löwenäffchens auf wenige Dutzend Tiere zusammengeschrumpft war. Auf sein Drängen hin stellte die Regierung die verbliebenen Lebensräume der Löwenäffchen unter Schutz. Das größte Schutzgebiet ist das 5000 ha große Poço das Antas, 200 km entfernt von Rio de Janeiro. Unterstützung fand Coimbra-Filho in der Zoogemeinschaft. Unter Federführung des Nationalzoos der Vereinigten Staaten in Washington entstand Anfang der Siebzigerjahre das erste koordinierte Zuchtprogramm, Vorbild für die späteren SSPs und EEPs. Das Zuchtprogramm war aber nur Teil eines umfassenden und langfristig angelegten Rettungsprojektes. Zunächst mussten die Ursachen für den Rückgang der Art erforscht und beseitigt werden. Ebenso wichtig war die Einbeziehung der lokalen Bevölkerung in das Projekt. Durch eine breit angelegte Öffentlichkeitskampagne wurde das Löwenäffchen bekannt gemacht, und es ist heute das Symbol für den Naturschutz in Brasilien, insbesondere für den Schutz der letzten Küstenregenwälder. Im Blickpunkt dieses Projektes steht zwar die attraktive Primatenart. Aber es geht nicht nur um sie, denn mit ihr sind ja viele andere Tier- sowie Pflanzenarten in ihrer Existenz bedroht, für die sich aber niemand interessiert. Das Löwenäffchen ist also letztendlich Stellvertreter, Sympathie- und Werbeträger für den Schutz eines ganzen Lebensraumes, ein Flaggschiff im Naturschutz.

Informationstafel zum Löwenäffchen-Projekt „Countdown 2025" im Kölner Zoo.

Das Zuchtprogramm war so erfolgreich, dass die Zoopopulation der Löwenäffchen schon Mitte der Achtzigerjahre auf 500 Tiere angewachsen war. Nun konnte man die Tiere in ihrem ursprünglichen Verbreitungsgebiet wieder ansiedeln. Von 1984 bis 1992 wurden insgesamt 133 Tiere, darunter auch zweimal welche aus dem Kölner Zoo, in den brasilianischen Küstenregenwald zurückgeführt. Diese begannen sich dort zu vermehren und mit den letzten frei lebenden Löwenäffchen zu vermischen. Inzwischen gibt es wieder mehr als 500 in der Natur. Das Goldgelbe Löwenäffchen ist also ein schönes Beispiel dafür, was zoologische Gärten und Naturschützer gemeinsam erreichen können, wie es auch die 1993 beschlossene Welt-Zoo-Naturschutzstrategie fordert. Im Jahre 1991 waren übrigens alle in den weltweit 125 Zoos lebenden Löwenäffchen formell Brasilien übereignet worden, dem einzigen Land, wo sie natürlicherweise vorkommen. Damit brachten die Zoos zum Ausdruck, dass sie die ihnen anvertrauten Tiere lediglich als Leihgaben der Natur betrachten. Löwenäffchen werden natürlich auch weiterhin in den Zoos zu sehen sein, denn die Aufrechterhaltung einer Reservepopulation bleibt auch in Zukunft Bestandteil des Projektes. Außerdem dient das Löwenäffchen nicht nur in Brasilien dem Naturschutz als Flaggschiff. Diese Funktion übernimmt es auch außerhalb seines Heimatlandes. In den Zoos ist es Botschafter seiner bedrohten Art und der vielen anderen ebenso bedrohten Tier- und Pflanzenarten seines geschundenen Lebensraumes. Es will die Menschen auf den Zustand des brasilianischen Küstenregenwaldes aufmerksam machen und sie aufrufen, das Projekt zu unterstützen.

Im Jahre 2000 fand in Köln ein zweiter Future Search Workshop der Welt-Zoo-Organisation statt. Präsident war jetzt Alex Rübel, der im Zürcher Zoo – nach dem Vorbild des Kölner REGENWALDs – mit der nach dem madegassischen Masoala-Nationalpark benannten Tropenhalle ein großartiges Beispiel für die Kombination einer Zooanlage mit einem Feldprojekt oder, wie man jetzt im Naturschutz sagte, für die Verbindung von *ex situ* und *in situ* gesetzt hatte. Viele Zoos in aller Welt unterstützten inzwischen Naturschutzprojekte. Aber alles geschah eher unkoordiniert. Andere Zoos wussten nicht so recht, was sie überhaupt anfangen sollten. Der Verband wollte seinen Mitgliedern deshalb Entscheidungshilfen anbieten. Ziel des neuen Workshops, durch den der CBSG-Vorsitzende Ulie Seal führte, war die Identifizierung von Naturschutzprojekten, in die sich Zoos mit ihrem Potenzial einbringen können. Man war übereingekommen, dass sich die europäischen Zoos auf Eurasien und Afrika konzentrieren. Insgesamt zehn Hotspots der Biodiversität wurden in den beiden Regionen identifiziert.

Der Kölner Zoo entschied sich für die tropischen Regenwälder Südostasiens. 90 %, zumindest der terrestrischen, also an Land lebenden Arten, kommen nach neuesten Erkenntnissen in den tropischen Regenwäldern vor. Außerdem handelt es sich um die am stärksten bedrohten Ökosysteme der Erde.

Der REGENWALD: Naturschutz ernst genommen

Das neue, im Jahre 2000 eröffnete Kölner Tropenhaus, in dem wir den Menschen das Ökosystem tropischer Regenwald vorstellen wollten, bezeichneten wir schlicht, aber einprägsam als REGENWALD. Im Vordergrund stand die Überlegung, wie wir den Menschen die Problematik der Tropenwälder am besten erklären können. Deshalb entwickelten wir erstmals für ein Bauprojekt im Zoo zuerst das edukative Konzept. Erst danach gingen wir mit dem Architekten, Florian von Rudloff, in die Bauplanung. Meist ist es umgekehrt. Man plant und baut eine schöne Anlage, und wenn alles fertig ist, überlegt man sich, wo denn noch Platz für ein paar Informationstafeln ist. Der REGENWALD besteht aus zwei Teilen. Der erste ist eine große Halle mit vielen Pflanzen- und ca. 60 frei lebenden Tierarten, ausgewählten Säugetieren, einer Vielzahl von Vögeln, Reptilien, Amphibien, Fischen aber auch wirbellosen Tieren wie Schnecken, Spinnentieren und Insekten. Der Besucher soll in diesen ihm fremdartigen Lebensraum sozusagen eintauchen und

Im Tropenhaus kann der Besucher in den Regenwald regelrecht eintauchen.

den Tieren nachspüren, um selber ein Gespür für die Artenvielfalt und die Komplexität tropischer Regenwälder zu bekommen. Dies ist für Ungeübte nicht ganz einfach, denn der hohen Artenzahl im Regenwald stehen geringe Individuenzahlen der einzelnen Arten gegenüber. Wer sich nicht die Zeit für Entdeckungen und Beobachtungen nimmt, bekommt nicht viel mit und verlässt die Halle enttäuscht. Er behält die Tropenhalle nur als großes, warmes und feuchtes Gewächshaus in Erinnerung. Nicht anders geht es übrigens den Leuten, die eine Reise in die Tropen machen, wobei hier zu hoher Temperatur und Luftfeuchtigkeit noch Myriaden von Moskitos und Blutegeln kommen, die sich auf die Touristen stürzen.

Damit auch diejenigen, die von der Tropenhalle enttäuscht sind, auf ihre Kosten kommen, werden im zweiten Teil des Hauses einige Tierarten so in Einzelgehegen präsentiert, dass man sie wirklich nicht übersehen kann. Dort leben z.B. Weißhandgibbons, Kleinkantschils, Kurzkrallenotter und Baumkängurus, Nashornvögel, Laubenvögel, Paradiesvögel und Riesenschlangen. Während in der Tropenhalle bewusst auf Informationsschilder verzichtet wurde, weil sich der Besucher zunächst ganz auf das Tropenerlebnis konzentrieren soll, erhält er hier auch Informationen über die Biologie der Tiere und ihren Status in der Natur. Am Ende gelangt er in den sogenannten Themenraum, wo ausgewählte den Regenwald betreffende Themen aufgegriffen und veranschaulicht werden. Dazu gehören eine kurze Einführung in die Ökologie der Regenwälder, die Gefährdung durch Holzgewinnung und Rodung, um Raum für landwirtschaftliche Flächen für die wachsende Bevölkerung zu schaffen, und der illegale Handel mit bedrohten Tier- und Pflanzenarten. Die entscheidende Botschaft aber ist: Schutz durch Nutzung. Das hört sich im ersten Moment paradox an. Tatsächlich aber gibt es ja heute schon eine Vielzahl von Produkten, die wir aus dem Regenwald beziehen. Außerdem birgt der Wald ein riesiges Potenzial an Naturstoffen für die Medizin (Stichwort: Urwaldapotheke) und andere Bereiche, die mit den Regenwäldern zu verschwinden drohen, bevor sie überhaupt entdeckt worden

Papuawaran

Kleinkantschil

Kellenschnabel

Rotbrust-Krontaube

Im sogenannten Themenraum des Tropenhauses können sich die Besucher aktiv mit verschiedenen Aspekten des Regenwaldes auseinandersetzen.

sind. Die Menschen müssen wieder lernen, dass sie selbst Teil der Natur und abhängig von natürlichen Ressourcen sind und dass sie mit der Natur ihre eigene Lebensgrundlage vernichten. Wer das begreift, geht behutsamer mit den Ressourcen um und entnimmt der Natur nur soviel, wie auch wieder nachwächst. Eine nachhaltige Nutzung der Natur dient also letztlich ihrem Schutz. Dies geht nicht nur die Menschen an, die in den Tropen leben. Auch wir nutzen ja zahlreiche Rohstoffe aus den Tropen. Außerdem wirkt sich die Vernichtung der Regenwälder über den dadurch ausgelösten Klimawandel auf die ganze Erde aus. Obwohl die Regenwälder also weit weg sind, können auch wir, z.B. über den Kauf von Produkten des fairen Handels und die Beachtung von verlässlichen Produktgütesiegeln wie dem des FSC (Forest Stewardship Council), einen Beitrag zur Erhaltung der tropischen Regenwälder leisten.

Wer den REGENWALD verlässt, wird nicht nur um ein besonderes Erlebnis reicher sein. Er wird das artenreichste Landökosystem der Erde sicher auch mit anderen Augen sehen und vielleicht von jetzt ab versuchen, sein eigenes Konsumverhalten zu ändern, um selber zum Schutz der verbliebenen Tropenwälder beizutragen. Noch ist der Rundgang durch den REGENWALD aber nicht zu Ende. Vom Themenraum kehrt man noch einmal in die Tropenhalle zurück, nun aber über einen Steg in der Kronenregion des Waldes. Damit soll verdeutlicht werden, dass sich das Leben im Regenwald auf unterschiedlichen Ebenen abspielt. Erreicht man schließlich den Ausgang, stößt man auf eine Bambushütte aus Vietnam. Hier leben allerdings keine Vietnamesen. Vielmehr haben sich hier Zoologen niedergelassen, die den Regenwald in Vietnam erforschen und ihn retten wollen. Die Besucher erhalten einen Einblick in die Forschungsergebnisse und die daraus abgeleiteten Naturschutzmaßnahmen und werden schließlich aufgefordert, selbst einen Beitrag in Form einer Spende zur Erhaltung der Regenwälder zu leisten. Vor allem aber wird ihnen klar, dass der Kölner Zoo Naturschutz ernst nimmt, ihn nicht nur predigt, sondern auch praktiziert.

Der Wandel des Zoos zum Naturschutzzentrum musste natürlich auch vom Träger des Zoos, der Stadt Köln, mitgetragen werden. Eine Kommune betreibt oder unterstützt einen Zoo mit Steuergeldern ja in erster Linie, um ihren Bürgern ein Angebot machen zu können, nämlich das eines Zoobesuchs. Sie sieht es nicht als ihre originäre Aufgabe an, Naturschutzprojekte in Vietnam oder sonst wo in der Welt zu finanzieren. Aber schon 1984 hatten wir die Verpflichtung des Zoos zum Naturschutz in der Satzung der Aktiengesellschaft Zoologischer Garten Köln verankert. Während es hier früher über den Zweck der Gesellschaft lapidar lautete: „Allen Volkskreisen soll Gelegenheit verschafft werden, Tiere und Pflanzen möglichst vieler Arten besichtigen zu können“, heißt es heute differenzierter und zeitgemäßer: „Die Gesellschaft hat es sich zur Aufgabe gemacht, die im Zoologischen Garten Köln gehaltenen Tiere nach dem neuesten Stand tiergärtnerischer Kenntnisse zu halten, hierdurch einen Beitrag zur Erhaltung der Tierwelt unserer Erde zu leisten, wissenschaftliche Forschung auf dem Gebiet der Zoologie zu fördern und naturwissenschaftliche Kenntnisse in allen Bevölkerungskreisen zu verbreiten und zu vertiefen.“

Zum Bewusstseinswandel der Stadtpolitiker trug wesentlich der Umweltgipfel in Rio de Janeiro von 1992 bei. Die dort beschlossene Agenda 21 richtet sich nämlich keineswegs nur an die Staatsregierungen. Auch die Kommunen sind aufgefordert, ihre lokale Agenda 21 zu entwickeln: „Jede Kommunalverwaltung soll in einen Dialog mit ihren Bürgern, örtlichen Organisationen und der Privatwirtschaft eintreten und eine kommunale Agenda 21 beschließen." Dementsprechend beschloss der Kölner Stadtrat 1998 ein Handlungskonzept für die Entwicklung einer „Lokalen Agenda 21 für Köln". Der Entwicklungsprozess ist längst nicht abgeschlossen, das 21. Jahrhundert ist aber auch lange noch nicht zu Ende. Ich habe die Stadt in diesem Zusammenhang darauf aufmerksam gemacht, dass sie ein Umweltbildungszentrum, wie es in Rio von den Kommunen gefordert wurde, schon hat, nämlich den Zoo. Sie muss ihren Zoo nur weiter als Umwelt- und Naturschutzzentrum ausbauen. Auf dieser Basis setzte ich im Aufsichtsrat des Zoos schließlich auch einen eigenen Etatposten für Naturschutz im Wirtschaftsplan des Zoos durch. Letztlich müssen sich die Aufgaben eines Zoos ja auch im Etat widerspiegeln. Wenn uns der Naturschutz kein Geld wert ist, bleibt er ein Lippenbekenntnis.

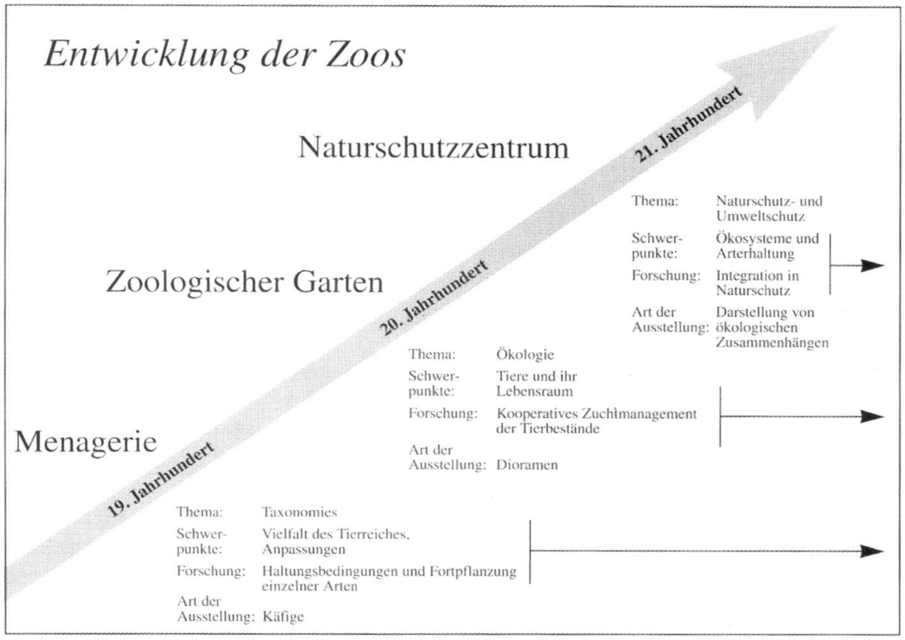

Die zoologischen Gärten unserer Tage sind aus den Menagerien früherer Jahrhunderte hervorgegangen und sie werden sich zu Naturschutzzentren weiterentwickeln.

Phong Nha-Ke Bang – Kölns Regenwald in Vietnam

Der REGENWALD des Kölner Zoos sollte von Anfang an im Sinne der Welt-Zoo-Naturschutzstrategie mit einem Naturschutzprojekt verbunden werden. Nach der Devise „Adopt a Park" wollten wir die Patenschaft über ein Stück Regenwald in Südostasien übernehmen, um so einen Beitrag zum Schutz der Regenwälder zu leisten. Wir richteten unser Augenmerk auf Vietnam, das als einer der Hotspots der Biodiversität gilt. Bei der Suche nach einem geeigneten Projekt half uns Manfred Niekisch, heute Direktor des Frankfurter Zoos. Ich kannte ihn noch aus meiner Bonner Zeit, als er die Lebensweise einheimischer Kröten untersuchte und damit die Grundlagen für gezielte Schutzmaßnahmen schuf. Nun war er Geschäftsführer der Tropenwaldstiftung Oro Verde, die in Vietnam sehr aktiv war. Schon 1998, als der REGENWALD noch im Bau war, fuhren wir gemeinsam nach Viet-

Damit der Zoobesucher sieht, dass Regenwaldschutz für den Kölner Zoo kein Lippenbekenntnis ist, hat er die Patenschaft über ein Stück Regenwald übernommen: Phong Nha-Ke Bang in Vietnam.

Im Tropenhaus wird der Zoobesucher über das Regenwaldprojekt in Vietnam informiert und zu dessen Unterstützung aufgefordert.

Die farbenprächtigen Kleideraffen gibt es in Europa nur im Kölner Zoo. Sie leben hier seit 1968 und jetzt schon in der vierten Generation.

nam zu Professor Vo Quy, dem wohl besten Kenner der Natur in Vietnam und international renommiertesten Naturschützer des Landes, der an der Universität Hanoi das Centre for Natural Resources and Environmental Studies (CRES) leitete. Für unser Vorhaben schlug er uns Phong Nha vor, ein Naturschutzgebiet in der Provinz Quang Binh in Zentralvietnam. Phong Nha und unsere Bemühungen um den Schutz dieses Gebietes stellen wir den Zoobesuchern in der Vietnamhütte des REGENWALDs vor. Sie sehen dort, dass Naturschutz für den Zoo kein leeres Wort ist, sondern dass er es ernst meint und selber etwas für den Erhalt der Natur tut. Viele Zoobesucher finden das gut und unterstützen das Projekt mit einer kleinen Spende. Jährlich kommen im Spendensammler in der Vietnamhütte bis zu 8000 Euro zusammen, eine Summe, mit der man in einem Land wie Vietnam schon sehr viel erreichen kann.

Verantwortlich für das Projekt Regenwald, und zwar sowohl für das Tropenhaus im Zoo als für das Naturschutzprojekt in Vietnam, hatte ich Theo Pagel gemacht, den Kurator für Vögel. Mit Thomas Ziegler, der seine Doktorarbeit in Vietnam gemacht hatte und den ich 2003 als Leiter des Aquariums an den Kölner Zoo holte, hatten wir einen ausgewiesenen Vietnamexperten für unser Team gewonnen. Zunächst ging es um die Bestandsaufnahme der Tierwelt. Dabei kam es zur Entdeckung einer Reihe von Arten, die der Wissenschaft überhaupt noch nicht bekannt waren. Eine der neuen Reptilienarten ist eine Giftschlange, deren Erstnachweis nicht im Wald, sondern – in Alkohol eingelegt – in einer lokalen Apotheke gelang. In der traditionellen ostasiatischen Medizin werden pharmakologische Wirkstoffe ja nicht nur aus Pflanzen, sondern auch aus Tieren der verschiedensten Arten gewonnen. Mittlerweile sind 140 Arten von Amphibien und Reptilien in Phong Nha nachgewiesen, 30 % aller in Vietnam vorkommenden Arten. Dazu kommen 275 nachgewiesene Arten von Vögeln und rund 70 Arten von Säugern. Diese Zahlen unterstreichen die Bedeutung Phong Nhas als Naturschutzgebiet, was dazu führte, dass es um das angrenzende Gebiet erweitert und im Jahre 2001 zum Nationalpark Phong Nha-Ke Bang aufgewertet wurde, mit 150.000 ha der größte Nationalpark in Vietnam. Die UNESCO nahm ihn 2003 sogar in die Liste des Natur- und Kulturerbes der Menschheit auf. Für den praktischen Naturschutz wurden die Ranger des Nationalparks ausgerüstet und ausgebildet. Schon bald wurde klar, dass hierfür gelegentliche Besuche nicht ausreichten. Seit 2005 hat der Kölner Zoo deshalb zwei Mitarbeiter ganzjährig vor Ort, Martina Vogt und Bernhard Forster. Sie kümmern sich um die 260 Ranger des Parks und betreuen eine Auffangstation für beschlagnahmte Tiere. Das Projekt ist ein Beispiel dafür, was ein einzelner Zoo im Naturschutz erreichen kann. Um dies öffentlich anzuerkennen und vielleicht auch, damit andere Zoos es sich als Beispiel nehmen, zeichnete der Europäische Zooverband es 2006 mit dem EAZA Conservation Award aus.

Seit 1993 existiert in Cuc Phuong, dem ältesten Nationalpark Vietnams, eine von der Frankfurter Zoologischen Gesellschaft gegründete und von vielen Zoos unterstützte Auffangstation für Primaten. Das Anliegen solcher Auffangstationen ist natürlich, die dort gestrandeten Tiere eines Tages wieder in die Natur zu entlassen. Allerdings muss ein geeignetes Gebiet für diesen Zweck vorhanden sein. Für die Wiederansiedlung von Kleideraffen sowie Hatinh-Languren bietet sich Phong Nha-Ke Bang an. Der Kölner Zoo ist für seine Erfahrungen mit Languren, insbesondere Kleideraffen, die es in sonst keinem europäischen Zoo gibt, bekannt. Seine Expertise kann er nun in das Wiederansiedlungsprojekt einbringen.

Natur- und Artenschutz weltweit

Im Naturschutz gibt es heute überall in der Welt so viele Probleme, dass man gar nicht weiß, wo man anfangen soll. Und tatsächlich hat der Kölner Zoo schon sehr viele Projekte in der einen oder anderen Weise unterstützt. Im Laufe der Jahre konzentrierten wir uns jedoch zunehmend auf einige wenige Projekte, die wir dafür aber umso intensiver und vor allem kontinuierlich und langfristig betrieben, und zwar solche, für die wir eine besondere Kompetenz mitbrach-

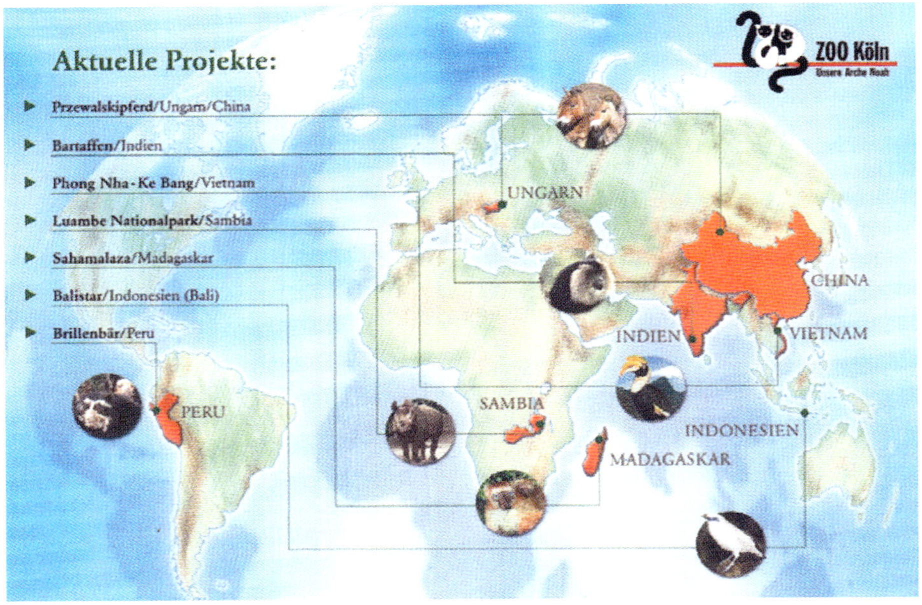

Im Laufe der Jahre hat sich der Kölner Zoo auf wenige Naturschutzprojekte konzentriert, betreibt diese aber langfristiger, intensiver und effektiver.

ten. Diese Kompetenz ist in erster Linie an Personen gebunden, nämlich die für die jeweiligen Tiergruppen zuständigen Kuratoren. Schließlich hatte jeder Kurator „sein" Naturschutzprojekt, um das er sich neben seinen kuratorischen Aufgaben im Zoo kümmerte. So wie Thomas Ziegler seinen wissenschaftlichen Schwerpunkt in Vietnam hat, so war sein Vorgänger Hans-Werner Hermann auf die afrikanische Herpetofauna spezialisiert, und er betrieb über viele Jahre und mit Erfolg ein Forschungs- und Naturschutzprojekt in Kamerun. Als er den Zoo verließ, verloren wir mit ihm das Kamerunprojekt, was ich besonders bedauerte, weil wir hierfür erstmals einen langfristigen Sponsor für ein Naturschutzprojekt gefunden hatten. Der Berufskleidungs-Service ALSCO hatte 1997 als Logo für eine neue Produktlinie ein Chamäleon – wegen seiner großen Anpassungsfähigkeit – gewählt. Die Zusammenarbeit zwischen ALSCO und dem Kölner Zoo stand unter dem Motto „Farbe bekennen – auch im Artenschutz".

Theo Pagel, zugleich Koordinator für das EEP Balistar, engagierte sich nicht nur im Vietnamprojekt, sondern setzte sich schon über viele Jahre auch für die letzten frei lebenden Artgenossen dieser schönen und nur auf Bali vorkommenden Stare ein. 1996 brachte die Vereinigung für Artenschutz, Vogelhaltung und Vogelzucht e. V. (AZ) ihre Anerkennung für dieses Engagement mit der Verleihung des Consul-Cremer-Preises zum Ausdruck. Über die Bemühungen der Huftierkuratorin Waltraut Zimmermann um das Przewalskipferd wurde schon berichtet. Lydia Kolter, für die Landraubtiere im Tierbestand des Zoos zuständig, ist die EEP-Koordinatorin für den Brillenbären, den einzigen Großbären Südamerikas. In Chaparri/Peru gibt es ein Projekt zum Schutz des Lebensraums dieser Art, das wir nach Kräften unterstützten. Im Primatenbereich, dem traditionellen Schwerpunkt im Tierbestand des Kölner Zoos, gab es gleich zwei Projekte. Ein gelungenes Beispiel für die Integration von In-situ- und Ex-situ-Naturschutz war das Bartaffenprojekt in Südindien, das Werner Kaumanns, zugleich EEP-Koordinator für diese Art, schon betrieben hatte, bevor er zum Kölner Zoo kam und noch am Deutschen Primatenzentrum tätig war. Schon seit vielen Jahren war der Kölner Zoo Mitglied eines Lemurenkonsortiums, der Association Européenne pour l'Etude et la Conservation des Lémuriens (AEECL). Besonders engagierte sich AEECL in einem Projekt zur Erhaltung der Natur auf der Halbinsel Sahamalaza im Nordwesten Madagaskars. Flaggschiff dieses Projektes war eine nur hier vorkommende Lemurenart: Sclater's Maki. Nachdem Christoph Schwitzer seine Doktorarbeit bei mir abgeschlossen hatte, schickte ich ihn nach Sahamalaza, wo er eine Station für die Forschungsarbeiten zur Ökologie, Parasitologie und Genetik von Sclater's Maki aufbaute und betreute.

Auch das nächste große Bauprojekt des Zoos, dessen Eröffnung für 2010 anlässlich seines 150-jährigen Jubiläums geplant ist, soll mit einem Naturschutzprojekt verbunden sein. Da es sich um ein afrikanisches Biotop handeln wird, dessen Flaggschiffe Flusspferde sein werden, suchten wir nach einem Pendant in der Natur. Wir fanden es im Luangwa-Tal in Zambia – the real Africa. Das Luangwa-Tal, Teil des ostafrikanischen Grabenbruches, war einst berühmt für seinen schier unermesslichen Wildreichtum, aber auch für eine unglaubliche Wilderei. So sind von 120.000 Elefanten, die dort noch Mitte der Siebzigerjahre lebten, nach Wiedererholung der Bestände gerade 10.000 übrig geblieben. Die Nashörner wurden auf Null reduziert. Ihren Kampf gegen die Wilderei im nördlichen Luangwa-Tal von 1985 bis 1991 haben Delia und Mark Owen sehr anschaulich in ihrem Buch „Das Auge des Elefanten“ beschrieben. Heute engagiert sich dort die Frankfurter Zoologische Gesellschaft mit großem Erfolg. So hat sie dort 2003 die ersten Spitzmaulnashörner wieder ausgesetzt. Südlich dieses Nationalparks lag der noch völlig unentwickelte Luambe-Nationalpark. Im Jahre 2003 unterzeichneten der Kölner Zootierarzt Olaf Behlert und die Zambian Wildlife Authority (ZAWA) ein formelles Memorandum of Understanding. Zwar ist das Flusspferd dort nicht in seiner Existenz bedroht. Aber als schwergewichtiger Sympathieträger eignet es sich hervorragend als Flaggschiff dieses Naturschutzprojektes.

Gemeinsam sind wir stark

Inzwischen gibt es wohl kaum noch einen Zoo in Europa, der nicht in ähnlicher Weise an Naturschutzprojekten beteiligt ist und darüber seine Besucher informiert. Aber die Zoos arbeiten im Naturschutz auch zusammen. Im deutschsprachigen Raum haben sich auf Anregung des Münsteraner Zoodirektors Jörg Adler seit 2001 43 Zoos zur Stiftung Artenschutz zusammengeschlossen. Die Stiftung setzt sich für das Überleben besonders bedrohter Tierarten wie Kleideraffen und Saiga-Antilopen ein, um nur zwei Arten zu nennen, die auch im Tierbestand des Kölner Zoos vertreten sind. Von besonderer Breitenwirkung sind die europaweiten Öffentlichkeitskampagnen, die der Europäische Zooverband koordiniert. Den Auftakt machte 2001 die Bushmeat-Kampagne. Wenn es um die Ausrottung von Tierarten geht, ist meist von der Zerstörung der Lebensräume die Rede. Nur in Ausnahmefällen gibt man der Jagd die Schuld. Im Blickpunkt stehen dann Arten wie Elefanten und Nashörner. Dabei wurde und wird übersehen, dass die Jagd auch für viele andere Arten eine tödliche Gefahr darstellt. Früher diente Wildfleisch, auf englisch Bushmeat genannt, den Waldbewohnern zur Selbstversorgung und als Tauschware. Gegen eine nachhaltige Nutzung der Wildbestände ist auch nichts zu sagen. Von Selbstversorgung kann aber längst nicht mehr die Rede sein. Heute gibt es professionelle Jäger, die alles abschießen, was ihnen vor die Büchse oder Flinte kommt, und die ihre Jagdbeute auf neuen, in den Wald geschlagenen Straßen in kürzester Zeit zu den Verbraucherzentren schaffen. Man schätzt, dass jährlich rund vier Millionen Tonnen Wildfleisch allein aus den west- und zentralafrikanischen Regenwäldern geholt werden. In Kamerun und der Volksrepublik Kongo werden pro Jahr mehr als 800 Gorillas getötet. Allein in Brazzaville kamen in einem Jahr 300 Schimpansen auf den Markt. Dazu kommen ungezählte Antilopen und andere Tiere des Waldes. Zwar gibt es internationale Übereinkommen und nationale Gesetze zum Schutz der Wildtiere. Es fehlt aber am politischen Willen, an Geld und Personal, um sie durchzusetzen. Die Folge ist ein dramatischer Rückgang der Wildbestände und das endgültige Aus für zahlreiche Arten. Die Bushmeat-Kampagne sollte die 125 Millionen Menschen, die alljährlich die Mitgliedszoos des Europäischen Zooverbandes aufsuchen auf diese Entwicklung aufmerksam machen, ihnen aber auch Gelegenheit geben, dagegen zu protestieren. Deshalb lagen in den Zoos Unterschriftenmappen aus. Allein im Kölner Zoo haben sich 33.500 Zoobesucher darin eingetragen. In ganz Europa kamen 1,9 Millionen Unterschriften zusammen. Damit war die Bushmeat-Kampagne die zweiterfolgreichste Unterschriftensammlung, die es je in Europa gegeben hat. Am Ende der Kampagne wurden die Unterschriften im Rahmen einer viel beachteten Pressekonferenz der Europäischen Kommission in Brüssel übergeben. Das Europäische Parlament nahm sich daraufhin der Sache an und stimmte mehrheitlich einem „Entschließungsantrag zum Schutz und zur Erhaltung von Großaffen und anderen durch den illegalen Handel mit bedrohten Arten“ zu. Es bleibt zu hoffen, dass die Europäische Union ihrem Einfluss auf die betreffenden Regierungen in Afrika die notwendige Geltung verschafft. Weitere EAZA-Kampagnen waren dem Schutz des Regenwaldes, Tigern, Schildkröten, Nashörnern, der Fauna Madagaskars und der weltweiten Amphibienkrise gewidmet.

Schneeleopard

Geparden

Persischer Leopard

Kleiner Panda

ZOOPÄDAGOGIK – ANSICHTEN UND ABSICHTEN EINES ZOODIREKTORS

Zoos sind Museen mit lebendem Inventar

Von ihrem Bildungsauftrag her sind zoologische Gärten am ehesten mit Museen zu vergleichen. Beide stellen zur Schau, die einen lebende Tiere, die anderen Kunst- oder andere Gegenstände von z.B. historischem oder wissenschaftlichem Interesse. So wie die modernen Zoos aus den Menagerien früherer Zeiten hervorgegangen sind, so haben die Museen ihre Wurzeln in den Kuriositätenkabinetten, die es schon seit dem Mittelalter gab, aber während der Renaissance erst so richtig in Mode kamen. Dabei handelte es sich um unsystematische Sammlungen religiöser und säkularer Gegenstände, und sie dienten ebenso wie die Menagerien denjenigen, die sie sich leisten konnten, als Statussymbol. Erst im 18. Jahrhundert erkannte man die kulturelle und auch nationale Bedeutung solcher Sammlungen und machte sie einem breiteren Publikum zugänglich. Diesem Trend gelang mit der Französischen Revolution sein endgültiger Durchbruch und er verbreitete sich rasch über ganz Europa. Zu diesem Zeitpunkt wurde auch die Menagerie der französischen Könige in Versailles aufgelöst, und die Tiere kamen in den Jardin des Plantes in Paris, wo sie auch dem Bürgertum zugänglich gemacht wurden. Diesem Beispiel folgend, wurden daraufhin überall in Europa von den Bürgern naturwissenschaftliche Gesellschaften und zoologische Gärten gegründet. Im Laufe des 19. Jahrhunderts entwickelte sich nicht nur das moderne Museumskonzept in Bezug auf Organisation, Spezialisation und Präsentation der Objekte gegenüber dem Publikum. Auch die Zoos entwickelten ihr Selbstverständnis und ihre Aufgabenstellung weiter, und so wie sich dort die Museumspädagogik entwickelte, so entstand hier die Zoopädagogik, um dem Bildungsauftrag gerecht zu werden.

1963 wurde im Kölner Zoo die erste Zooschule auf dem europäischen Kontinent errichtet.

Europas älteste Zooschule

Den wenigsten Besuchern ist bewusst, dass Zoos Orte sind, wo man etwas lernt. Zumindest kommt kaum einer mit dem Vorsatz in den Zoo, etwas lernen zu wollen. In der Regel geht man in den Zoo, um dort ein paar schöne Stunden mit der Familie oder mit Freunden zu verbringen. Dennoch wird keiner den Zoo verlassen, der nicht um Erfahrungen mit Tieren reicher geworden ist und neue Kenntnisse über Tiere und zoologische und biologische Zusammenhänge erworben hat. Die Wissensvermittlung im Zoo übernimmt die Zoopädagogik. Dazu gehören alle Maßnahmen, die dem Zoobesucher über das Erlebnis der Tierbegegnung hinaus Informationen über Tiere vermitteln, über ihre Lebens- und Verhaltensweisen, ihre Herkunft und ihren Status in der Natur, um auf diese Weise auch ein Bewusstsein und ein Engagement für Naturschutz zu wecken.

Zweifellos haben die Zooschulen, die es heute überall gibt, einen besonders hohen Stellenwert im Spektrum der zoopädagogischen Maßnahmen, denn die Grundlagen für Naturverständnis müssen in der Kindheit und Jugend gelegt werden. 1963 hatte mein Vorvorgänger Wilhelm Windecker in Köln die erste Zooschule auf dem europäischen Kontinent errichtet. Sie war zunächst nur ein räumliches Angebot, das Lehrern die Möglichkeit geben sollte, sich mit einer Klasse im Zoo zurückzuziehen, um sich auf den Zoobesuch vorzubereiten oder das Gesehene nachzubereiten. Es zeigte sich aber, dass dieses Angebot nicht in der gewünschten Weise genutzt wurde. Um ein unterrichtliches Thema, z.B. zur Evolution oder gar zum Sozialverhalten von Tieren, zu behandeln, bedarf es einfach intimerer Kenntnisse der im Zoo vorhandenen Tiere, als sie ein Lehrer haben kann. Deshalb stellte der Zoo zunächst einen eigenen Mitarbeiter, den Entomologen Matthias Forst, später das Schulamt der Stadt Köln einen Lehrer frei, der die Zooschule betreute.

Als ich 1981 nach Köln kam, war Wolf Haferkamp der Zooschullehrer. Schnell wurde mir klar, dass dieser nur einen Bruchteil der Nachfrage bedienen

Matthias Forst, eigentlich für Insekten zuständig, fungierte als erster Zooschullehrer.

Das 1983 entwickelte Informationsschild beantwortete die wichtigsten Fragen der Zoobesucher auf einen Blick. Dazu kam ein längerer Text für den, der mehr Interesse und Zeit mitbrachte.

konnte, denn er war immer schon für ein ganzes Jahr im Voraus ausgebucht. Hilfe kam von der oberen Schulbehörde. 1984 erschien in meinem Büro der leitende Regierungsschuldirektor Dr. Helmut Kirchner. Damals gab es, was sich heute überhaupt keiner mehr vorstellen kann, einen Überhang, also zu viele Biologielehrer, an den höheren Schulen des Landes Nordrhein-Westfalen. Diese ordnete Dr. Kirchner an die Zooschulen der verschiedenen Zoos ab. In Köln führte das zu einer Aufstockung auf acht Zooschullehrer, die in der Folge bis zu 1000 Schulklassen/Jahr unterrichteten. Außerdem wurden Fortbildungsseminare angeboten, um Lehrer in die Lage zu versetzen, ihre Klassen im Zoo auch selbstständig zu unterrichten. Und es wurden Arbeitsblätter zu den verschiedenen Themen entwickelt, die den Lehrern für den Unterricht im Zoo zur Verfügung gestellt wurden. Nun sind Schulklassen ja nicht die einzigen Zoobesucher und deshalb auch nicht die einzige Zielgruppe der Zoopädagogik. Letztendlich richtet sich die Zoopädagogik an alle Zoobesucher.

Außer den Schildern mit Informationen zu den einzelnen Tierarten, gibt es heute auch Schilder zu Themen der Agenda 21 wie Klima- und Meeresschutz.

Die Methoden der Informationsvermittlung müssen entsprechend der Heterogenität des Publikums und der unterschiedlichen biologischen Vorbildung vielfältig und auf die verschiedenen Zielgruppen abgestimmt sein. Im Grunde setzt die Zoopädagogik schon bei der Präsentation der Tiere im Zoo ein. Konsequenterweise nannten wir das für Zoopädagogik zuständige Komitee im Europäischen Zooverband, das wir 1995 gründeten, auch Committee for Education and Exhibit Design. Wenn heute versucht wird, dem Gehege eines Tieres im Zoo ein naturnahes, dem Biotop der betreffenden Tierart ähnliches Aussehen zu verleihen, so hat dies in erster Linie edukative Gründe. Man möchte dem Zoobesucher über das Aussehen der Tiere hinaus eine Vorstellung von deren natürlichem Lebensraum und ihrer Lebensweise vermitteln. Außerdem erwecken nur optimal präsentierte Tiere beim Zoobesucher Freude, Respekt vor der Schöpfung und Interesse, mehr darüber zu erfahren. Ein Zoo, der Mitleid mit seinen Tieren erregt, weil er sie schlecht hält, kann seine edukativen Absichten vergessen. Die Botschaft muss also schon im Tiergehege enthalten sein. Da Tiere aber nicht selber sprechen können, muss der Zoo, und zwar die Zoopädagogik, den Menschen ihre Botschaft vermitteln und interpretieren.

Die Agenda aufs Schild gehoben

Diesem Zweck dienen in erster Linie die Informationstafeln an den Gehegen. 1983 entwickelten wir für den Kölner Zoo ein neues, und zwar zweigeteiltes Gehegeschild. In einem sogenannten Kurzläufer erhält der Besucher auf einen Blick Antworten auf die Fragen, die ihn am meisten interessieren: Name des Tieres, seine Stellung im System der Tiere sowie Daten über Größe, Gewicht, Lebensdauer, Ernährungsweise, Fortpflanzung und sein natürliches Verbreitungsgebiet. Daneben gibt es jeweils einen längeren Text zur Biologie des Tieres für diejenigen Besucher, die darüber hinaus Interesse und die nötige Muße mitbringen, diesen zu lesen.

Infotainment: Wer einmal selbst direkt neben Tiger oder Löwen (-schablonen) gestanden hat, wird deren Größe nie mehr vergessen.

Auf der in Rio de Janeiro beschlossenen Agenda 21 steht ganz oben die Umweltbildung, und die zoologischen Gärten werden in diesem Zusammenhang ausdrücklich erwähnt. Die EU erließ daraufhin 1999 die Zoo-Richtlinie, mit der alle Zoos zur Umweltbildung verpflichtet werden: „Sie [die Zoos]“, heißt es dort, „fördern die Aufklärung und das Bewusstsein der Öffentlichkeit in Bezug auf den Erhalt der biologischen Vielfalt, insbesondere durch Informationen über die zur Schau gestellten Arten und ihre natürlichen Lebensräume.“ Um dieser Verpflichtung nachzukommen, initiierten wir 1998 in Köln ein „Pilotprojekt zur Förderung globaler Umwelterziehung in wissenschaftlich geleiteten zoologischen Gärten“, das wegen seiner Bedeutung von der Deutschen Bundesstiftung Umwelt finanziell gefördert wurde. Inzwischen hatten wir eine Planstelle für die außerschulische Zoopädagogik eingerichtet, die mit Ruth Dieckmann besetzt worden war. Bei der Durchführung des Projektes halfen uns außerdem Jürgen Wolters von der Arbeitsgemeinschaft Regenwald und Artenschutz e.V. (ARA), der bereits über Erfahrungen bei der Entwicklung von Ausstellungs- und Informationskonzepten im Bereich der nachhaltigen Umweltbildung verfügte, und unser bewährter Werbefachmann Robert Pütz mit seiner Firma Creative Networks. Der Fortschritt gegenüber der traditionellen Informationsvermittlung, die in der Regel auf einzelne Arten abzielt, bestand darin, dass Themen der Agenda 21 wie die nachhaltige Nutzung natürlicher Ressourcen, der Klima- und Meeresschutz, Ökotourismus und die globale Verantwortung der Konsumenten mit im Zoo gehaltenen Tieren verknüpft wurden. Das Projekt war mir so wichtig, dass ich alle Zooschullehrer sowie alle Kuratoren des Zoos darin einband.

Zoologischer Eskortservice

So informativ unsere Gehegeschilder auch sein mochten, es konnte kein Zweifel daran bestehen, dass jemand, der an einer Zooführung teilnimmt, mehr erfährt, als wenn er alleine durch den Zoo geht, vor allem, weil er auch die Möglichkeit erhält, die Fragen zu stellen, die ihm persönlich am Herzen liegen. Natürlich gab es immer schon Gruppenführungen durch den Zoo. Die übernahm meist der Zoodirektor höchstpersönlich oder er verdonnerte einen seiner Mitarbeiter dazu. Unter dem Strich aber kamen so wenige Zoobesucher in den Genuss einer fachkundigen Führung, dass es kaum der Rede wert war. Als ich die Leitung des Kölner Zoos 1981 übernahm, legte ich in meiner Antrittsrede auch meine Vorstellungen zur Zoopädagogik dar. „In der Zooschule sehe ich nur einen Anfang“, erklärte ich damals, „gewissermaßen den Nukleus für eine Einrichtung, die in angelsächsischen Ländern als Zoo-Education-Department bezeichnet wird. Hier gilt es neue Wege zu entwickeln.“ Bei der Entwicklung neuer Wege in der Zoopädagogik half mir Irene Schiedges, eine Zooschullehrerin, die sich in besonderer Weise für die außerschulische Zoopädagogik interessierte. Zuerst schickte ich sie in die USA, wo sie sich amerikanische Zoo-Education-Departments ansah. Danach baute sie nach amerikanischem Vorbild, und zwar erstmals für einen deutschen Zoo, einen Voluntary Docent Service zur Durchführung von Zooführungen auf. Warum sollten nicht auch in Deutschland Zoofreunde, die sich häufig im Zoo aufhalten und viel über den Zoo und seine Tiere wissen, in der Lage sein, andere Besucher bei ihrem Rundgang durch den Zoo fachkundig zu beglei-

1991 entwickelte der Kölner Zoo die Zoo-Mobile, bewegliche Informationsstände, die mit Exponaten bestückt werden, die mit den zu sehenden Tieren in Verbindung stehen.

Zoo-Mobil im Rahmen der europaweiten Bewusstseinskampagne 2004/2005 zum Schutz der Schildkröten am Schildkrötengehege im Terrarium.

ten? Die Zoologie ist ja keine Geheimwissenschaft. Man kann viel Wissen über die Tierwelt erwerben, ohne an einer Universität studieren zu müssen. Allerdings wollten wir schon wissen, was die Zoobegleiter – so nannten wir unsere Volontäre – unseren Besuchern erzählen. Die ersten 30 Zoobegleiter rekrutierten wir aus dem Förderverein des Zoos. Wir führten einen Einführungskurs mit ihnen durch, an dessen Ende eine Klausur sowie eine Probeführung zu absolvieren waren. Einmal im Monat traf ich mich auch danach noch mit den Zoobegleitern, um mit ihnen zu sprechen und um ihnen Neuigkeiten aus dem Zoo zu erzählen. Die Gruppe faszinierte mich, weil es sich um Menschen aus allen Berufsgruppen und allen Altersstufen handelte, die eines miteinander verband, die Liebe zum Tier und zum Zoo und das Bedürfnis, dies anderen mitzuteilen. Einige sind jetzt schon 20 Jahre und mit ungebrochenem Engagement dabei. An ihrer Spitze stand Mary Waldermann, die die Einsätze koordinierte und dadurch sozusagen zur Mutter der Kompanie wurde. Ihr besonderes ehrenamtliches Engagement wurde 1997 sogar mit dem Bundesverdienstkreuz belohnt.

Der Zoopädagogik rechnete ich auch meine Lehrtätigkeit an der Universität zu Köln zu. Dabei bot ich nicht nur Lehrveranstaltungen im Rahmen des Biologiestudiums an, darunter auch immer wieder Seminare für zukünftige Lehrer, sondern ich beteiligte mich auch regelmäßig am Studium generale, das sich an Studenten aller Fakultäten wendet. Einmal dozierte ich vor jungen Hörern der Kölner Kinderuniversität, mehrfach während der seit 2002 von der Studierendenschaft der Mathematisch-Naturwissenschaftlichen Fakultät organisierten 24-Stunden-Vorlesungszyklen. Dabei ging es um Tsetsefliegen oder Schneekraniche, um Elefanten oder die Tierwelt Afghanistans. Wichtig war mir, möglichst viele junge Menschen über zoologische Gärten und ihre heutigen Aufgaben im globalen Natur- und Artenschutz aufzuklären. Die Studenten von heute sind die Entscheidungsträger von morgen, gerade auch im Klima- und Umweltschutz. Von den über 42.000 Studenten der Kölner Universität studieren nur 1.050, kaum mehr als 2 % Biologie.

Und wie viele Biologen gehen schon in die Politik? Ich erinnere mich nur an einen einzigen Zoologen, der je Mitglied des Deutschen Bundestags war, Professor Dr. Norbert Rieder, der sich auch sehr stark für die Haltung von Wildtieren in menschlicher Obhut interessierte und deshalb den Vorsitz im BNA, dem Bundesverband für fachgerechten Natur- und Artenschutz, übernommen hatte. Mit anderen Worten: Die Umweltpolitik wird Leuten überlassen, die im Grunde keine Ahnung davon haben. Das Studium generale ist eine Möglichkeit, ihnen wenigstens ein paar biologische Grundbegriffe auf den beruflichen Lebensweg mitzugeben.

Aus der Hörerschaft konnte ich auch Zoobegleiter rekrutierten. Deren Zahl ging sprunghaft in die Höhe, als wir uns entschlossen, ein kleines Honorar für jede Zooführung zu zahlen. Damit war die Tätigkeit gerade auch für Studenten attraktiv. Mithilfe der Zoobegleiter konnte der Zoo sein Angebot an Gruppenführungen auf mehr als 500/Jahr steigern. Dazu kamen weitere Veranstaltungen wie Kindergeburtstage, ca.350/Jahr. Setzt man aber die Zahl der Besucher, die an Führungen teilnehmen, ins Verhältnis zur Gesamtbesucherzahl, so sind dies immer noch nicht mehr als 1 %, also ein verschwindend kleiner Bruchteil der Zoobesucher. Die überwiegende Zahl der Besucher bleibt auf die Informationstafeln angewiesen. Um auch diesen Besuchern ein verbessertes Angebot zu machen, entwickelten wir 1991 die Zoo-Mobile.

Dabei handelt es sich um mobile Informationsstände, die nach Bedarf an unterschiedlichen Orten im Zoo positioniert werden können und von Zoobegleitern, die den Besuchern als Ansprechpartner dienen, betreut werden. Als Blickfang halten die Zoo-Mobile Gegenstände bereit, die die Neugier der Besucher wecken sollen, das Fell einer Raubkatze, ein Elefantenzahn, ein T-Shirt in Gorillagröße oder ein Sandsäckchen mit dem Gewicht eines Zwergseidenäffchens. Es handelt sich also durchweg um Dinge, die einen direkten Bezug zu den zu sehenden Tieren haben, die aber den Zugang zu ihnen auch mit anderen Sinnen als nur dem Auge ermöglichen: riechen, tasten ggf. auch hören. Über die Beschäftigung mit den Exponaten ergibt sich zwanglos ein Gespräch zwischen Besucher und Zoobegleiter, in dessen Verlauf auf unterhaltsame Weise eine Fülle von Informationen vermittelt werden kann. Wenn an einem Tag fünf solcher Mobile im Zoo stehen und ein Besucher an jedem nur fünf Minuten verweilt, hat er schon fast eine halbe Stunde Kontakt zu jemandem, der ihm Wissen vermitteln und seine persönlichen Fragen beantworten kann. Je reichhaltiger und origineller die Exponate sind, desto größer ist der Zuspruch und umso intensiver ist die Kommunikation und die Auseinandersetzung mit dem Tier im Gehege. Es handelt sich also um ein praktisches, sehr effektives Beispiel für Infotainment, die Verknüpfung von Information und Unterhaltung (Entertainment) mit sehr einfachen Mitteln.

Von kleinen und großen Tieren – die Evolution des Gigantismus

Das Spektrum an Hilfsmitteln, die der Zoopädagogik zur Verfügung steht, ist riesig. Man muss es nur ausschöpfen. Seit Anfang der Neunzigerjahre ergänzten wir unser Informationsangebot beinahe jedes Jahr durch eine große Sonderausstellung. Die Ausstellungen waren entweder einem Naturschutzthema oder einer bestimmten Tiergruppe und ihrer Evolution gewidmet. Letztere zeigten meist computeranimierte Modelle, weil die Tiere im Original entweder so klein sind, dass man kaum etwas daran erkennen kann, wie Parasiten und Insekten, so groß, dass wir sie überhaupt nicht zeigen konnten, wie Wale, oder aber weil sie längst ausgestorben sind, wie Australopithecinen oder Dinosaurier.

Logo der ersten großen Sonderausstellung im Kölner Zoo: „Die Rückkehr der Dinosaurier", 1993.

Als Australopithecinen, zu deutsch Südaffen, werden unsere Vorfahren im Übergangsfeld zwischen Menschenaffen und Menschen bezeichnet, die vor drei bis vier Millionen Jahren gelebt haben. „Vier Millionen Jahre Mensch" hieß deshalb auch eine große Sonderausstellung zur Evolution des Menschen. Die Reihe unserer Ahnen ist heute durch Fossilfunde gut belegt, sodass wir eine recht gute Vorstellung von ih-

Die Ausstellung „Vier Millionen Jahre Mensch" wurde von Louise Leakey aus der dritten Generation der berühmten Anthropologenfamilie eröffnet (rechts mit dem computeranimierten Modell ihres Vaters Richard).

Nachbildung der 32.000 Jahre alten Höhle Chauvet in einem Diorama der Ausstellung zur Evolution des Menschen 1996.

rem Aussehen haben. Will man aber wissen, wie sie gelebt haben, muss man sich die Begleitfunde, Werkzeuge, Reste von Mahlzeiten etc. ansehen und die Lebensweise unserer nächsten Verwandten im Tierreich, der heute lebenden Menschenaffen. Aus diesem Grunde hatte der Anthropologe Louis Leakey vor 40 Jahren Jane Goodall in den Wald geschickt. Sie sollte die Lebensweise von Schimpansen in ihrem natürlichen Lebensraum beobachten. Auch Dian Fossey, die berühmte Gorillaforscherin, und Birute Galdikas, die Orang-Utans im Freiland erforschte, sind seine Schülerinnen. Deshalb passt das Thema „Evolution des Menschen" auch so gut in einen Zoo. Hier kann man den Menschen und seine Vorfahren nämlich unmittelbar mit den Menschenaffen vergleichen. „Vier Millionen Jahre Mensch", im Originaltitel „Missing Links Alive!", stellte eine sehr lebendige Einführung in die Entwicklung zum Menschen dar, ihre spannende Entdeckungsgeschichte, die Kunst der Rekonstruktion von Evolutionsvorgängen sowie die andauernden Auseinandersetzungen darüber. Führende Wissenschaftler auf dem Gebiet der Anthropologie, wie z.B. Meave Leakey, Louis' Schwiegertochter, hatten an ihr mitgewirkt, und deren Tochter Louise kam eigens zur Eröffnung der Ausstellung nach Köln. Entsprechend gut wurde sie auch vom Publikum angenommen. Allerdings wunderten sich schon damals (1996) etliche amerikanische Kollegen darüber, dass wir es wagten, eine solche Ausstellung im Zoo zu zeigen. Ich habe das zuerst überhaupt nicht verstanden. Erst später erfuhr ich, dass 47 % aller Amerikaner nach einer Gallup-Umfrage Kreationisten sind. Das heißt, sie nehmen den Schöpfungsbericht der Bibel wörtlich und setzen die „Intelligent-Design-Theorie" an die Stelle des Darwinismus. Inzwischen ist die Welle der Evolutionsleugnung von den USA nach Europa herübergeschwappt und auch in Deutschland angekommen. Heute frage ich mich, ob es eine solche Ausstellung jemals wieder in einem deutschen Zoo geben wird.

Überdimensionales, bewegliches Modell des Herkuleskäfers in der Ausstellung Insectic Park 1995.

Mich beschäftigte die Evolution des Menschen aber weiter. Im Jahre 2000 lud mich Teit Ritzau, der Chef der Firma United Exhibits, mit der wir die meisten unserer großen Ausstellungen durchführten, ein, an der Konzeption einer Ausstellung mit dem Titel „The Human Dawn" mitzuwirken. War es bei „Vier Millionen Jahre Mensch" um die biologische Evolution des Menschen gegangen, stand nun seine kulturelle Evolution im Blickpunkt. Zeugnisse menschlicher Kultur, wie z.B. die Höhlenmalereien in Frankreich oder Spanien, sind bis zu 32.000 Jahre alt. Solche Bilder gibt es aber nicht nur in Europa, sondern überall auf der Welt. Die Ausstellung zu diesem Thema zeigte deshalb Felsbilder aus Europa, Afrika, Asien, Australien und Amerika. Die Kunstwerke dieser so unterschiedlichen Kontinente wurden von unterschiedlichen Menschen zu unterschiedlichen Zeiten und sicher auch aus unterschiedlichen Gründen geschaffen. Ob

In der Ausstellung Dinoversum 2003 bewacht ein Parasaurolophus seine gerade aus dem Ei schlüpfenden Jungen.

Eingangsszene zur Ausstellung „Am Anfang war das Bild" 2000 mit dem Höhlenforscher Jean Clottes, Jane Goodall, Charles Darwin, C. G. Jung, Salvador Dalí sowie der Filmschauspielerin Tantoo Cardinal (auf der Leinwand).

aber vor Tausenden von Jahren oder gerade erst entstanden – alle Bilder sind Ausdruck der geistigen Auseinandersetzung des Menschen mit seiner Umwelt, seiner Herkunft und seiner Zukunft. In Köln hatte die Ausstellung ihre Weltpremiere, und sie erhielt den deutschen Titel „Am Anfang war das Bild". Dabei konnte der Besucher an einer spannenden multimedialen Zeitreise zu den Anfängen der menschlichen Kultur teilnehmen. Begleitet wurden die Besucher dabei von einer Indianerin, Tantoo Cardinal, die als Frau des Häuptlings „Strampelnder Vogel" in Kevin Costners Spielfilm „Der mit dem Wolf tanzt" bekannt geworden ist.

Die erfolgreichste Sonderausstellung aber war 1993 „Die Rückkehr der Dinosaurier". Manch einer mag fragen, ob Nachbildungen ausgestorbener Tiere nicht eher in ein Museum gehören als in einen Zoo. Dabei ist die Idee ja gar nicht neu. Schon 1909 schuf Josef Pallenberg einen Saurierpark für Hagenbecks Tierpark, der dort heute noch existiert. Ich meine, es gibt auch gute Gründe, Dinosaurier im Zoo zu zeigen. Erstens sind sie die eindrucksvollsten Repräsentanten einer ganzen Tiergruppe, der Reptilien. Ihre Geschichte, ihr Kommen und Gehen, ist eines der faszinierendsten Kapitel der Erdgeschichte und allein schon deshalb sehenswert. Zweitens wird deutlich, dass wir heute nur den gegenwärtigen Zustand der Evolution erleben, eine Blitzlichtaufnahme in einem Prozess, in dem immer neue Arten entstehen und wieder vergehen. Transponiert man die Entwicklung des Lebens auf der Erde auf ein Jahr, lebten die Dinosaurier vom 14. bis 28. Dezember. Der Mensch tritt erst am Silvestertag gegen 17 Uhr in Erscheinung. Es gibt aber noch einen dritten Grund für eine solche Ausstellung im Zoo, vielleicht den wichtigsten: Mehr als 150 Millionen Jahre beherrschten die Dinosaurier die Erde. Am Ende des Erdmittelalters vor 65 Millionen Jahren war ihre Uhr abgelaufen, und keine einzige Art überlebte. Heute sind wir Zeitzeugen des größten Artensterbens seit dem Ende der Dinosaurier. Ein Viertel aller Säugerarten, sogar 30 % aller Amphibien stehen schon auf der Kippe. Wir wissen nicht genau, warum die Dinosaurier ausstarben. Im Gegensatz dazu ist die Ursache für das heutige Artensterben sehr gut bekannt. Wir selbst sind die Ursache!

Heute kennt jedes Kind Dinosaurier und kann die schwierigsten Namen wie Pachycephalosaurus oder Parasaurolophus fehlerfrei aussprechen. In meiner Kindheit kamen keine Dinosaurier vor. Auch nicht während des Studiums. Die Zoologie beschäftigt sich mit der rezenten, der heute lebenden Tierwelt. Ich lernte die Dinosaurier also jetzt erst kennen – und ich war von ihnen fasziniert. Ich fragte mich, wie es möglich war, dass Reptilien derartige Giganten hervorbringen konnten, und wie diese funktionieren. Diese Frage stellte sich auch der Bonner Paläontologe Dr. Martin Sander. Um eine Antwort darauf zu finden, suchte er Verbündete aus den unterschiedlichsten Disziplinen für ein Forschungsprojekt mit dem Titel „The Biology of Sauropods: the Evolution of Gigantism". Mit Jürgen Hummel, der bei mir gerade seine Dissertation über die Ernährung und das Nahrungsaufnahmeverhalten eines großen Säugetieres, des Okapis, abgeschlossen hatte, stieg ich in das Projekt ein und wurde auf diese Weise sogar zum Dinoforscher.

Tyrannosaurus rex, das größte Raubtier, das je auf der Erde gelebt hat, in der Ausstellung „Die Rückkehr der Dinosaurier".

Aus Anlass ihres 175-jährigen Bestehens stiftete die Stadtsparkasse Köln im Jahre 2001 das Cologne Science Center, eine Stätte naturwissenschaftlicher Wissensvermittlung. Das war zu Beginn des Jahrhunderts der biologischen Wissenschaften eine großartige Idee. Die Stadt brauchte nur das Grundstück zum Bau des Science Centers zur Verfügung zu stellen. Allerdings tat sie sich damit sehr schwer. Jahrelang wurde über einen geeigneten Standort gestritten. Eine Option war das Grundstück unmittelbar vor Zoo und Flora. Für diesen Standort setzte ich mich ein, denn ich sah darin die einmalige Chance, das Anliegen des Science Centers, nämlich allgemeine Phänomene der Biologie von der Entstehung des Lebens auf der Erde bis hin zum anthropogen bedingten Klimawandel zu vermitteln, mit dem zu verbinden, was Biologie letztlich ausmacht: mit der lebenden Pflanze im botanischen und dem lebendigen Tier im zoologischen Garten. Die Stadt aber hat das Potenzial dieser einzigartigen Symbiose bedauerlicherweise nicht begriffen und die attraktive Idee verworfen, weil ihr die Erschließungskosten an dieser Stelle zu hoch erschienen. Jahrelang wurden weitere Standorte geprüft und verworfen, bis man sich schließlich für eine im Rechtsrheinischen gelegene Industriebrache entschied. Nach dieser abenteuerlichen Odyssee wurde das Science Center, als es acht Jahre nach dem Sparkassenjubiläum endlich eröffnet wurde, dann auch benannt: Science Adventure Odysseum. Wieder einmal haben die Kölner eine Chance verpasst!

Erfolgskontrolle – für Christen und Muslime

Die Zoopädagogik war mir also immer ein großes Anliegen. Mich interessierte aber auch der Erfolg unserer Bemühungen. Denn, so habe ich den Zoopädagogen einmal auf einer in Köln stattfindenden Jahrestagung gesagt, wenn die Leute den Zoo genauso dumm verlassen wie sie ihn betreten, haben wir etwas falsch gemacht. Von Zeit zu Zeit führten wir ohnehin Besucherbefragungen durch, um zu erfahren, welche Leute in den Zoo kommen, woher sie kommen, warum und wie oft sie kommen und ob wir ihre Erwartungen erfüllen. Dabei half uns das Institut für Angewandte Sozialforschung der Universität zu Köln. 1991 leitete es Professor Dr. Erwin Scheuch, der sich vor allem durch seine Beschäftigung mit dem Kölschen Klüngel einen Namen gemacht hatte, 2005 Professor Dr. Jürgen Friedrichs. Im Abstand von 14 Jahren wurden die Besucher unter anderem gefragt, welche Aufgaben der Zoo ihrer Meinung nach zu erfüllen habe. Während 1991 nur 33,6 % der Befragten die Information über Tiere und die Natur nannten, waren es 2005 schon 51,0 %. Während 1991 erst 36,9 % die Erhaltung bedrohter Arten als wichtige Aufgabe der Zoos erkannt hatten, waren es 14 Jahre später 72,6 %!

Zwei Jahre nach Eröffnung des REGENWALDs wollten wir wissen, wie die Besucher das dortige Informationsangebot nutzen. Deshalb ließ Franz Bauske vom Kölner Zentralarchiv für Empirische Sozialforschung im Rahmen einer Lehrveranstaltung von seinen Studenten eine kleine, dennoch repräsentative Untersuchung durchführen. 86% der befragten Zoobesucher bestätigten den hohen Aufmerksamkeitswert des Informationsangebotes. Wenn auch nur 14 % der Besucher beim Verlassen des REGENWALDs meinten, etwas Neues zum Regenwaldschutz gelernt zu haben, so waren doch 88 % vom edukativen Konzept des Tropenhauses überzeugt. Unsere zoopädagogischen Bemühungen schienen also von Erfolg gekrönt zu sein.

Im Laufe der 25 Jahre, die ich den Kölner Zoo leitete, habe ich ungezählte Gruppen selber durch den Zoo geführt und so auch persönliche Rückmeldungen vom Publikum erhalten. Sonntags mischte ich

mich auch gern unter die Menge, um in sie hinein zu horchen. Dabei drangen sämtliche slawischen und viele andere Sprachen an mein Ohr, aber kaum Türkisch. Der Anteil an Türken im Zoopublikum schien mir nicht ihrem Anteil in der Bevölkerung zu entsprechen. In der Tat gibt es ja Länder, in denen ein sonntäglicher Familienausflug in den Zoo zur Tradition gehört und solche, wo das nicht der Fall ist. In Tschechien gehen z.B. 37,5 % der Bevölkerung jedes Jahr in einen Zoo, in der Türkei nur 1,4 %. Die Türkei ist kein Zooland. Zwar hat Kemal Atatürk als äußeres Zeichen des Aufbruchs der Türkei in die Moderne dem Land eine neue Hauptstadt verordnet. Dort wurde auch, weil es offenbar zur Hauptstadt eines modernen Staates gehört, ein Zoo gegründet. Aber dabei ist es geblieben. Die paar Zoos, die danach in der Türkei entstanden sind, kann man an einer Hand abzählen und sie verdienen es meist nicht, so genannt zu werden. Dass die Einwanderungsgeneration also nicht auf die Idee kommt, nun auf einmal in Deutschland Zoos zu besuchen, ist also verständlich.

Was aber ist mit der nächsten Generation? Wenn schon nicht mit den Eltern, mit der Schulklasse kommt in Deutschland jedes Kind in einen Zoo. Daran knüpft sich die Frage, ob sich daraus eine Zootradition entwickelt, wie die Tschechen und die Deutschen sie pflegen, und wenn nicht, warum nicht. Dieser Frage nachzugehen, bot sich die Forschungsstelle für Interkulturelle Studien (FIST) der Universität zu Köln an. Das Untersuchungsergebnis bestätigte auch meinen Eindruck: Türken gehen nicht so oft in den Zoo wie Deutsche oder Tschechen. Man hatte auch sogleich eine Erklärung dafür parat: Der Eintrittspreis sei zu hoch. „Außerdem", so gab es uns FIST faustdick, „pflege der Zoo ein Ausländerbild, das als Islambild präsentiert wird, das einen angemessenen Umgang mit Menschen mit türkischem Migrationshintergrund verstelle. Im Zoo werde auf ein relativ obskures, aus überkommenen Mythen zusammengesetztes Islambild rekurriert, das völlig ungeeignet sei, auf eine solche Gruppe von Menschen, nämlich mit türkischem Migrationshintergrund, zuzugehen". Dazu gab es gute Ratschläge, wie man es denn nun richtig macht: türkische Informationsschilder und Führungen auf Türkisch. Dabei hatte ich immer gedacht, das Erlernen der deutschen Sprache sei der erste Schritt zur Integration von Einwanderern. Wie auch immer, wir seien selber schuld daran, dass die Türken den Zoo meiden.

Daraus ergibt sich die Frage: Sind Türken oder auch Migranten mit anderem Hintergrund erst dann integriert, wenn sie wie wir regelmäßig den Zoo besuchen? Oder sollten wir nicht vielmehr die Größe besitzen, jedem Einwanderer zu überlassen, wie weit er von unserem Kulturangebot Gebrauch machen will? Wie viele gehen schon ins Theater oder die Philharmonie und wie viele nutzen das breit gefächerte Angebot an Museen in Köln, ohne dass sich jemand daran stört. Meine Antwort darauf ist: Wir müssen alle Menschen in den Zoo kriegen, denn der Zoo hat ein Anliegen, das alle angeht. Die Tiere im Zoo sind dabei nur das Mittel zum Zweck. Sie sind hier Botschafter ihrer in der Natur bedrohten Artgenossen und der vielen ebenso bedrohten Tier- und Pflanzenarten ihres geschundenen Lebensraumes. Sie wollen die Menschen auf den Zustand der Natur aufmerksam machen und sie zu einem Umdenken im Umgang mit der Natur aufrufen. Die EU-Zoorichtlinie verpflichtet die Zoos sogar dazu, das Umweltbewusstsein der Menschen zu fördern, und zwar aller Menschen. Wenn es um den pfleglichen Umgang mit den natürlichen Ressourcen der Erde geht, letztlich also um das Überleben der Menschheit, geht uns das alle an, unabhängig jedweder Religionszugehörigkeit. Und solange es Menschen gibt, die die Zoos nicht besuchen, besteht weiterer Forschungs- und sicher auch Handlungsbedarf.

MENSCHEN, MAMMON, MEDIEN

Der Zoodirektor an der leeren Kasse des Zoos (aus dem 19. Jahrhundert).

Zoos sind Notausgänge zur Natur

Die Begegnung mit Tieren entspricht einem Urbedürfnis des Menschen. Die Mehrheit der Menschen lebt ja heute weitab von der Natur in Großstädten. Aber sie versuchen, sich ein Stückchen Natur in die Wohnhöhlen ihrer Betonburgen mitzunehmen. Auf dem Fensterbrett steht eine Zimmerpflanze; und noch nie haben sich so viele Menschen mit Tieren aller möglichen Arten umgeben, die nicht etwa der Ernährung oder anderweitiger Nutzung, sondern keinem anderem Zweck dienen, als ihnen Freude zu bereiten. Am Wochenende zieht es die Menschen aus den Städten ins Grüne, und auch den Urlaub verbringen die wenigsten in der Großstadt. Es werden weder Kosten noch Entfernungen gescheut, um irgendwo auf der Welt, in Thailand oder in der Karibik, für ein, zwei Wochen etwas Natur und Individualität zu finden. Für den Rest des Jahres bleibt der Zoobesuch. Zoos sind also Notausgänge zur Natur, wie Heini Hediger so trefflich feststellte. Schon in den allerersten Hochkulturen der Menschheit, am Nil und in Mesopotamien, gab es zoologische Gärten. Aber noch nie gab es so viele Zoos wie heute, und noch nie wurden sie von so vielen Menschen besucht: 650.000.000 pro Jahr. (Allerdings gab es auch noch niemals so viele Menschen wie heute: 6,5 Milliarden.) Die Sehnsucht nach Tieren und das Interesse an Zoos spiegeln sich heute auch in den Fernsehprogrammen und den Einschaltquoten einschlägiger TV-Serien wider.

Der Zoo als Wirtschaftsunternehmen

Der Kölner Zoo verdankt seine Entstehung einer Bürgerinitiative. Es waren nämlich zoobegeisterte, zugleich wohlhabende Bürger der Stadt, die sich 1860 zu einer Aktiengesellschaft zusammenschlossen, um in Köln einen Zoo zu gründen. Es lief zuerst auch ganz gut, und der Zoo war lange Zeit eine sich selbst tragende Einrichtung. Erst nach dem Ersten Weltkrieg ging die Gesellschaft in Konkurs. Um den Zoo vor der Schließung zu bewahren, sprang damals die Stadt ein, übernahm die Mehrheit des Aktienkapitals; und sie trägt seitdem die Verlustabdeckung, d.h., sie bezuschusst den Zoo und jede Eintrittskarte, sodass sich alle Bevölkerungsschichten den Zoobesuch leisten können. Aber sie tat es recht halbherzig, denn sie investierte nichts in die weitere Entwicklung des Zoos. In einem Punkt unterscheidet sich ein Zoo aber von keinem anderen Unternehmen: Wenn man nicht ständig in die Entwicklung investiert, verliert man sehr bald den Anschluss an die Entwicklung und im Falle eines Zoos die Besucher. Auf diesem Ohr stellte sich der Stadtrat jedoch taub. Kein Zweifel: Die Kölner lieben ihren Zoo, aber er darf nichts kosten. Aber auch das andere Ohr, in das ich den Stadtoberen flüsterte, dass der Zoo der Stadt auch Geld einbringe, war schwerhörig. Alle Jahre wieder kann man in der Zeitung lesen, dass der Kölner Karneval ein bedeutender Wirtschaftsfaktor sei, weil die Leute im Karneval nicht nur fröhlich sein wollten, sondern sich diese Fröhlichkeit auch etwas kosten ließen. Ebenso ist es mit dem Zoo. 60 % der Besucher des Kölner Zoos sind Auswärtige, die ihren Kölnaufenthalt meist nicht nur für den Besuch des Zoos, sondern auch den Besuch anderer Einrichtungen der Stadt nutzen oder ihn mit einem Einkaufsbummel verbinden, abgesehen von der Nutzung gastronomischer Angebote, öffentlicher Verkehrsmittel, Parkhäuser und ggf. Hotels zur Übernachtung. Anfang der Neunzigerjahre errechnete das Münchner Wirtschaftswissenschaftliche Institut für den Fremdenverkehr am Beispiel des Magdeburger Zoos, dass die Besucher alljährlich mindestens 10 Millionen DM in der Stadt ausgeben, also außer dem Geld, das sie im Zoo lassen. Dabei erreicht das Besucheraufkommen des Magdeburger Zoos nur 25 % der Besucherzahl des Kölner Zoos. Legt man die Überlegungen des Münchner Instituts auf den Kölner Zoo an, geben die Zoobesucher an die 20 Millionen Euro pro Jahr in der Stadt aus. Das ist mehr als das Dreifache des gegenwärtigen städtischen Zuschusses für den Zoo – gegenwärtig, weil dieser von Jahr zu Jahr geringer ausfällt. Hatten wir 1981 eine Eigendeckung der Ausgaben von 20 %, lag diese 2006 bei rund 50 %. Geringere Zuschüsse können nur durch höhere Eintrittspreise kompensiert werden. Höhere Eintrittspreise werden vom Zoobesucher aber nur akzeptiert, wenn er Entsprechendes dafür geboten bekommt. Das aber kann der Zoo nur gewährleisten, wenn er innovativ ist und in die Entwicklung des Zoos investiert. Umgerechnet auf den Besucher, liegt der städtische Zuschuss übrigens gegenwärtig bei 4,30 Euro. Das ist so wenig, dass er kaum der Rede wert ist.

Zoologischer Garten

Actien-Gesellschaft „Zoologischer Garten“ in Köln.

EIN SECHSTEL THALER 5 GR.

ACTIE

Nro. 2466.

des

Herrn Dagobert Oppenheim hier.

über

Fünfzig Thaler Preussisch Courant.

Die Zahlung ist mit Fünfzig Thalern baar geleistet. Inhaber hat alle statutenmässigen Rechte und Pflichten.

Angefertigt Köln, den 25 Juli 1862

Der Verwaltungsrath:

Der Director:

Umgestellt auf RM 150.
Hundertundfünfzig Reichsmark
DCK

50 50 50 50

in Cöln.

Im 19. Jahrhundert wurden zoologische Gärten, so auch der Kölner Zoo, von Bürgern gegründet, die sich zu Aktiengesellschaften zusammenschlossen.

Wenn man es recht betrachtet, ist die AG als Rechtsform eines Zoos ein historischer Anachronismus. In vielen Zoos, denen es in den Zwanzigerjahren nicht besser erging als dem Kölner, hat man diese Rechtsform deshalb auch aufgegeben. In Hannover hat mein Kollege Lothar Dittrich einmal untersuchen lassen, welches die beste, d. h. ökonomischste Rechtsform für einen Zoo ist, ob AG, GmbH oder städtisch. Der Gutachter stellte fest, dass ein Zoo immer Geld kostet, egal, in welcher Rechtsform er betrieben wird. AG und GmbH sind allerdings freier in ihren Entscheidungen als ein in eine schwerfällige Stadtverwaltung eingebundener, städtischer Zoo. Außerdem ist es einfacher, Spenden- und Sponsorengelder zu akquirieren. Der älteste heute noch existierende Zoo der Welt ist der Schönbrunner Tiergarten in Wien. 240 Jahre unterstand er der Schlosshauptmannschaft Schönbrunn und sah am Ende so alt aus, wie er ist. Als man dann 1992 Helmut Pechlaner, den Direktor des Alpenzoos in Innsbruck, nach Wien berufen wollte, riet ich ihm, den Ruf nur anzunehmen, wenn man den Tiergarten in eine GmbH umwandelt. Die Umwandlung in die private Rechtsform war in der Tat der Schlüssel zum Erfolg. Gut 15 Jahre später war der Schönbrunner Tiergarten nicht nur der älteste Zoo, sondern – ausgezeichnet mit der Anthony Sheridan-Trophy – auch der beste.

Wie Heuschrecken fallen Hedgefonds und Private Equity Firmen heutzutage auch über Zoos her. Im Insektarium des Kölner Zoos lebt eine besonders gefräßige Riesenschrecke aus Südamerika.

Ein Problem sieht die Stadt Köln darin, dass es sich bei den Zuschüssen für den Zoo wie auch für andere Kultureinrichtungen um Steuergelder Kölner Bürger handelt, der Zoo aber auch von Bewohnern des Umlandes – zum gleichen Eintrittspreis! – genutzt wird. Die Grünen schlugen deshalb einmal vor, den subventionierten Einrittspreis nur noch Kölner Bürgern – gegen Vorlage ihres Personalausweises – zu gewähren. Der „schwarze" Oberbürgermeister verlangte darauf im Gegenzug freien Eintritt für alle, Kölner wie Nichtkölner, wenigstens einmal im Monat. Da hatte die „rote" Ratsmehrheit in den Achtzigerjahren eine bessere Idee zum Finanzausgleich zwischen Stadt und Region Köln. 1983 animierte sie nämlich die Kreissparkasse Köln, die ihr Geld im Umland Kölns verdient, eine Stiftung zu gründen, deren Ausschüttungen Kölner Kultureinrichtungen zugutekommen sollten. Dazu gehörte neben dem Kölner Stadtmuseum und dem Hänneschen-Theater auch der Zoo. Das weckte zwar bald Begehrlichkeiten bei anderen Kultureinrichtungen der Stadt, sodass der Kreis der Begünstigten erweitert wurde. Trotzdem ist die Kölner Kulturstiftung der Kreissparkasse Köln bis heute der größte und vor allem verlässlichste Förderer des Kölner Zoos. Bis 2006 gingen 5,6 Millionen Euro der Stiftungserträge allein an den Kölner Zoo, der sie sowohl für Bauprojekte wie auch Naturschutzprojekte einsetzte.

Zwar steigt die Steuerlast der Bürger unaufhaltsam, aber die Kommunen stehen sozusagen am Ende der finanziellen Nahrungskette. Häufig sind sie kaum noch in der Lage, das Geld für die Leistungen aufzubringen, zu denen sie gesetzlich verpflichtet sind – wozu zoologische Gärten leider nicht gehören. Sie versuchen deshalb, alles abzustoßen, was unnötig Geld kostet. Die Abfallentsorgung wird privatisiert und die Straßenbahn ins Ausland verkauft – um sie von dort zurückzuleasen, schließlich braucht der Bürger ja ein öffentliches Personennahverkehrsmittel. Wie die Heuschrecken fallen Hedgefonds und Private-Equity-Firmen ins Land ein und kaufen, was angeboten wird. Selbst vor einem Zuschussunternehmen wie einem Zoo schrecken sie nicht zurück. Ich habe mich 25 Jahre mit der Frage beschäftigt, ob bzw. wie man einen Zoo zu einem rentablen Unternehmen machen kann. Ich bin nur nicht darauf gekommen. Die Heuschrecken wissen es. Da die Personalkosten den größten Batzen bei den Aufwendungen ausmachen, würde man den Zoo wahrscheinlich als Erstes in ein Billiglohnland verlegen, z.B. nach Tschechien. Der Zoobesuch wäre für die Kölner dann nicht nur ein Sonntagsnachmittagsspaziergang, sondern ein Vergnügen für das ganze Wochenende. Noch billiger wäre der Zoobetrieb angesichts steigender Lohnkosten und galoppierender Energiepreise in tropischen Ländern wie etwa Malaysia. Die Kölner könnten ihren Zooausflug dann gleich mit einem Urlaub unter Palmen verbinden. Um übers Jahr einmal hineinzuschauen, gibt's ja das Internet und Webcams. Wahrscheinlich habe ich das System der Globalisierung aber auch nur falsch verstanden. Den Heuschrecken geht es nämlich gar nicht um den Zoo als Angebot für die Kölner, schon gar nicht um seine Bedeutung als Naturschutzzentrum, sondern um die Rendite für ihre Shareholder, wo immer in der Welt sie sitzen. Sollte die Rechnung am Ende nicht aufgehen, ist's auch nicht so schlimm, weil nicht nur der Zoo, sondern mit ihm das ganze globale Wirtschaftssystem zusammenbricht und den Menschen die Lust auf Zoo dann ohnehin vergeht. Weil ich mich konstant weigerte, den Zoo zu verkaufen und mir sowieso den Ruf erworben hatte, nichts von Geldgeschäften zu verstehen, ernannte der Aufsichtsrat in seiner Weisheit gleich zwei Vorstände zu meinen Nachfolgern, einen Zoologen für die Tiere und einen Juristen, der für alles – außer Tieren – zuständig ist. Der für alles wird's schon richten. Er weiß sogar schon, wofür man das dann brachliegende Zoogelände nutzen kann: für den Geißbock des 1. FC Köln.

Freunde des Kölner Zoos e.V.

Während des Zweiten Weltkriegs wurde der Kölner Zoo völlig zerstört. Er musste sogar für mehrere Jahre geschlossen werden. In der totalen Zerstörung lag aber auch eine Chance, nämlich ihn schöner, moderner und größer aufzubauen, als er war. Da auch

1957 erschien diese Denkschrift mit einem Zielplan zur Erweiterung und Neugestaltung des im Kriege völlig zerstörten Zoos.

die Umgebung des Zoos in Trümmern lag, nutzte man die Gelegenheit und vergrößerte ihn auf seine heutige Fläche von beinahe 20 ha. Damit gehört der Kölner Zoo – von der Fläche her betrachtet – immer noch nicht zu den großen Zoos in Deutschland. Aber bei einem Zoo kommt es gar nicht auf die absolute Fläche an, sondern auf das, was man mit dieser Fläche macht. Was man machen wollte, legte Kurt Meywald vom Hochbauamt der Stadt Köln in einer „Denkschrift zur Erweiterung und Neugestaltung des Kölner Zoos" nieder. Der darin enthaltene Idealplan wurde auch Zug um Zug umgesetzt. Jedes Jahr konnte eine neue Anlage nach der anderen eröffnet werden – bis 1973. Das war das Jahr der ersten Ölkrise. In der Folge kam es zu einer wirtschaftlichen Talfahrt, und die Stadt sah sich nicht mehr in der Lage, weiterhin größere Investitionssummen für den Zoo aufzubringen. Mein Vorgänger Ernst Kullmann konnte praktisch nichts mehr tun, und der Zoo verfiel in einen Dornröschenschlaf, aus dem ich ihn nun wieder erwecken wollte.

Bereits 1970 war das alte Affenhaus des Zoos, das man nach dem Krieg noch einmal notdürftig hergerichtet hatte, abgerissen worden, weil es längst nicht mehr den tiergärtnerischen Bedürfnissen entsprach und außerdem sehr baufällig war. 1973, also im Jahr der ersten Ölkrise, war als erster Ersatz noch ein Haus für niedere Primaten, das Lemurenhaus, eröffnet worden. Architekt Meywald arbeitete auch eifrig an Plänen für ein neues Menschenaffenhaus, aber keiner wusste, wo das Geld herkommen sollte, um diese Pläne umzusetzen. Als ich 1981 die Leitung des Zoos übernahm, nahm das Wort Affenhaus jedenfalls schon niemand mehr in den Mund, weil er nach den jahrelangen fruchtlosen Diskussionen darüber Angst hatte, sich lächerlich zu machen. Ich ließ mich dadurch nicht entmutigen. Gemeinsam mit Heinz Lüttgen, dem Aufsichtsratsvorsitzenden, im Rat der Stadt Vorsitzender des Finanzausschusses, entwickelte ich einen Finanzierungsplan, um das Affenhaus auch ohne städtische Zuschüsse zu bauen.

1982 gründeten wir den Förderverein „Freunde des Kölner Zoos e.V.". Als Vorsitzenden gewannen wir Helmut Eickelmann, Begründer und Chefredakteur des auflagenstarken „Kölner Express". Leider zwang ihn eine schwere Krankheit, den Vorsitz schon nach einem Jahr niederzulegen, aber sein Nachfolger als Chefredakteur, Klaus Josef Maus, sprang sofort in die Bresche. Wir appellierten an den Bürgersinn, dem der Zoo schon seine Entstehung zu verdanken hatte, und tatsächlich stieg die Zahl der Mitglieder in wenigen Monaten auf über 500. Die Freunde des Zoos trugen mit ihren Mitgliedsbeiträgen und außerordentlichen Spenden den Grundstock zur Finanzierung des Projektes zusammen. Den Rest finanzierten wir über einen Kredit, der durch eine im Eintrittspreis enthaltene Bauabgabe bedient werden sollte. Das Urwaldhaus für Menschenaffen, wie wir das neue Haus nannten, sollte also ausschließlich von Zoofreunden und Zoobesuchern bezahlt werden. Natürlich will eine Stadt

Helmut Eickelmann, der erste Vorsitzende des Fördervereins, Heinz Lüttgen, Vorsitzender des Zoo-Aufsichtsrates, und Zoodirektor Gunther Nogge (v.r.n.l.) stellen 1983 die Pläne für das Urwaldhaus vor.

Der Ministerpräsident von Nordrhein-Westfalen, Johannes Rau, durchschneidet 1985 das rote Band zur Eröffnung des Urwaldhauses unter Assistenz von Kölns Oberbürgermeister Norbert Burger, Zoo-Aufsichtsratsvorsitzendem Heinz Lüttgen, dem Vorsitzenden der Freunde des Kölner Zoos Klaus Josef Maus und Zoodirektor Gunther Nogge (v.r.n.l.).

gefragt werden, wenn man den Eintrittspreis für ihren Zoo erhöht, ohne dass sich dadurch der Zuschussbedarf vermindert. Die Stadt Köln sah sofort ein, dass sie selbst nie in der Lage wäre, das neue Haus zu bauen und war letztlich froh über diese Lösung. Schon 1983 legten wir den Grundstein, 1984 feierten wir das Richtfest und 1985, zum 125-jährigen Jubiläum des Zoos, wurde das Urwaldhaus mit einem großen Jubiläumsfest und einer Ansprache von Johannes Rau, dem Ministerpräsidenten des Landes Nordrhein-Westfalen, eröffnet. Die Rechnung war also aufgegangen. Der Kredit für das Urwaldhaus war bald zurückbezahlt. Und weil es so gut funktionierte, haben wir in der Folge alle Bauprojekte des Zoos nach diesem Konzept finanziert: die Anlagen für Kleine Pandas, Geparden, Leoparden und Schneeleoparden, das Okapihaus und das Eulenkloster sowie schließlich den REGENWALD und den ELEFANTENPARK.

Zoo und Karneval

Wie könnte Volksverbundenheit in Köln besser zum Ausdruck kommen als im Karneval? Schon zweimal hat der Karneval dem Zoo sein Motto gewidmet. 1960, zum 100-jährigen Jubiläum des Zoos, hieß es: „Jedem Dierche sing Pläsierche", 1985, in Anlehnung an das bekannte Zoolied: „Ene Besuch em Zoo, met jroße und met kleine Diere". Unermesslich ist die Zahl der Karnevalslieder über den Zoo. Schon 1858, als die Idee, in Köln einen Zoo zu gründen, noch ganz neu war und heiß darüber diskutiert wurde, gab es ein 20-strophiges Lied über den Zoo, das so begann:

Do klage mer und sage mer
et däht der Stadt vill schade,
dat nit mal ens hier wör
ne zoolog'sche Jahde.

Das Dreigestirn des Kölner Karnevals von 1985, Prinz Karl-Josef I. (Karl-Josef Kappes), Bauer Reiner (Reiner Töller) und Jungfrau Friederike (Fritz Voss), schenkten dem Zoo drei Grizzlybären.

1987 griff der Karneval den Storchenkrieg auf, und die beiden Streithähne, Regierungspräsident Antwerpes und Zoodirektor Nogge, schaukelten als Pappfiguren im Rosenmontagszug durch Köln.

Karl Berbuer, Toni Steingass, Ludwig Sebus, Marie-Luise Nikuta, übrigens Nr. 500 bei den Freunden des Kölner Zoos, und viele andere haben den Zoo besungen. Einige Lieder waren Sessionsschlager, die bald wieder in Vergessenheit gerieten. Unsterblich aber ist das Zoolied von Hans Knipp „Ene Besuch em Zoo", das Ende der Sechzigerjahre von dem unvergessenen Horst Muys und danach von vielen anderen Interpreten gesungen wurde. Das Lied ist zwar im Karneval entstanden, hat sich aber längst von ihm gelöst und wird heute bei jeder passenden Gelegenheit auch außerhalb der Session gesungen. Keiner hat mitgezählt, wie oft der Zoo im Rosenmontagszug oder einem der zahlreichen Veedelszüge bedacht wurde. Ein sehr dankbares Thema war z.B. der Kölner Storchenkrieg Ende der Achtzigerjahre. 2003 stellte Heribert Malchers, der Intendant des Hänneschen-Theaters, sogar die beliebte Puppensitzung unter das Thema „Fastelovend em Zoo".

Nie in meinem Leben habe ich an so vielen Karnevalsveranstaltungen teilgenommen wie im Jubiläumsjahr 1985. Eine umfangreiche Sammlung von Karnevalsorden mit Zoomotiven in einer Schauvitrine im Kölner Zoo erinnert daran. Am Rosenmontag lud mich Zugleiter Alexander von Chiari ein, mit ihm den Zug anzuführen. Der Prinzenführer Gustav Adolf Kämper hatte dem Dreigestirn vorgeschlagen, dem Zoo drei Grizzlybären zu schenken.

Neben den weißen Eisbären und drei schwarzen Bärenarten, dem Brillenbären, dem Malayenbären und dem Kragenbären, fehlte dem Zoo nämlich eine braune Art. Am Tag nach der Prinzenproklamation fand im Zoo die feierliche Übergabe der Bären statt. Natürlich wurden diese auf die Namen von Prinz Karl-Josef I. (Karl-Josef Kappes), Bauer Reiner (Reiner Töller) und Jungfrau Friederike (Fritz Voss) getauft.

Der Vollständigkeit der Berichterstattung wegen sei an dieser Stelle eingeschoben, dass Karl-Josef, der Bär, drei Jahre später noch einmal Schlagzeilen machte, als es ihm nämlich gelang, seinem Gehege zu entweichen. Dabei hatte er einen im Wasser schwimmenden Baumstamm als Floß benutzt, war zum vorderen Rand des Wassergrabens gekrault und anschließend über die Absperrung auf den Besucherweg gestiegen. Nun sehen Grizzlybären zwar wie große, harmlose Plüschbären aus. Tatsächlich handelt es sich jedoch um gefährliche Raubtiere, vor allem wenn die Fluchtdistanz unterschritten wird. Nachdem alle Versuche, den Bären lebend wieder einzufangen, gescheitert waren und er sich gerade auf eine Gruppe von Zoobesuchern stürzen wollte, entschlossen sich die schießberechtigten Zoomitarbeiter, die das Tier die ganze Zeit von sicheren Fahrzeugen aus verfolgt hatten, zum finalen Rettungsschuss. Das Geschrei in der Presse deswegen war zwar groß, aber ich habe mich vor meine Mitarbeiter gestellt. Hätte ein Mensch statt des Bären sein Leben lassen müssen, wäre das Geschrei – dann auch berechtigt – noch größer gewesen.

Durch den Karneval und sein Motto war der Zoo in aller Munde. Daran knüpfte ich an und lud im darauffolgenden Sommer alle 50 dem Festkomitee des Kölner Karnevals angeschlossenen Gesellschaften zu exklusiven Abendführungen durch den Zoo ein. Diese waren von ebenso großer Werbewirksamkeit für den Zoo und seinen neuen Förderverein wie die Karnevalssession selbst. Am Ende des Sommers hatte er 250 neue Mitglieder. Zu etlichen Gesellschaften, wie zu den Blauen Funken, zur Ehrengarde, Prinzengarde, zu den Altstädtern, entstanden langfristige Bindungen, von denen der Zoo bis heute profitiert. Für das Närrische Consulat der Großen Kölner Karnevalsgesellschaft von 1882 war ein Flusspferd, das während einer Abendführung vor seinen Augen geboren wurde, Stifter einer besonders engen Beziehung zum Zoo. Jedes Jahr besuchte es darauf „sein" Flusspferd, und sein Präsident, Professor Adi Klein, verstand es jedes Jahr aufs Neue, die Spendenfreudigkeit seiner „Närrischen Consuln" für unsere Projekte zu animieren. Einer von ihnen, Dr. Paul Aschenberg, initiierte1996 eine Spendenaktion für ein Projekt, für das dem Zoo das Geld fehlte. Es ging um die Restaurierung einer von zwei Hirschfiguren, die über 100 Jahre das alte

Das Ehepaar Nogge auf einer Karnevalsveranstaltung.

2003 stand die beliebte Puppensitzung des Hänneschen-Theaters unter dem Motto: „Fastelovend em Zoo".

Eingangstor des Zoos flankiert hatten; diese drohte nun zu verfallen. Zur Restaurierung des Hirschs brachte das Närrische Consulat spontan 50.000 DM auf.

Sicherlich wurden die meisten Zoofreunde auf Abendführungen oder in persönlichen Gesprächen gewonnen, und je mehr die Leute sahen, was der Zoo mit den Spendengeldern machte, desto leichter war es, neue Zoofreunde zu gewinnen. Als ich aus dem Dienst schied, lag die Mitgliederzahl des Fördervereins bei 4377. Viele Tierfreunde sind jedoch eher bereit, einen Zoo zu unterstützen, wenn sie ihre Spende mit einem Tier, ihrem Lieblingstier oder einer Tierart, die ihnen besonders am Herzen liegt, verbinden können. Deshalb boten wir ab 1992 Tierpatenschaften an. Ein voller Erfolg: Die Einnahmen durch Tierpatenschaften machten bald mehr aus als die Mitgliedsbeiträge im Förderverein. Vielfach begründeten solche Patenschaften auch langfristige Beziehungen der Paten zu ihren Patentieren, zum Zoo und oftmals auch zum Zoodirektor. Über viele Jahre konnte ich am Patentag, einem Tag der offenen Tür für die Paten, Frau Margret Curt begrüßen, die Savani, den letzten Asiatischen Elefanten im alten Elefantenhaus als Patin betreute. Die freundschaftlichen Beziehungen zu Frau Gisela Steffens, der Patin von Tanga, dem malenden Elefanten, blieben sogar über dessen Tod und die Amtszeit des Zoodirektors hinaus bestehen. Auch Hans Korbmacher lernte ich über seine Patenschaften über einen Gorilla und einen Elefanten kennen. Schließlich gründete er sogar eine Stiftung, die Hans und Waltraud Korbmacher-Stiftung, um den Kölner Zoo auch über seine Lebenszeit hinaus zu unterstützen. Auch die Paul-Riegel-Stiftung (Haribo) unterstützt den Kölner Zoo aus ihren Stiftungserträgen.

Dr. Ingo Ellgering, Vorstandsmitglied der Kreissparkasse Köln und Schatzmeister des Fördervereins „Freunde des Kölner Zoos“, initiierte 1985 eine Münzen-Ausstellung aus Anlass des 125-jährigen Zoojubiläums.

Einmal dachte ich, die Fundraisingbemühungen wären vielleicht erfolgreicher, wenn sie nicht allein am Zoodirektor hingen, und ich stellte eine professionelle Fundraiserin ein. Als aber meine größten Spender anfingen, einer nach dem anderen abzuspringen, weil die Dame ihnen zu forsch daherkam, habe ich mich schnell wieder von ihr getrennt. Großspender sind sowieso rar. Es ist schwer, sie zu gewinnen, und man muss die Beziehung pflegen, damit die Spendenbereitschaft erhalten bleibt. Wenn es um Großspender, also Wirtschaftsunternehmen, geht, sieht sich der Zoo schließlich einer großen, ständig wachsenden Konkurrenz kultureller, sportlicher und karitativer Einrichtungen gegenüber. Es handelt sich dann auch eher um Sponsoren als um Spender, denn Unternehmen erwarten für ihre Mildtätigkeit meist eine Gegenleistung, in der Regel in Form von Werbung. Deshalb unterstützen sie auch eher Sport- oder kulturelle Großveranstaltungen. Auf jeden Fall erwarten Firmenchefs, dass sich der Direktor des Zoos persönlich an sie wendet und nicht eine angestellte Fundraiserin. Viel effektiver ist es, ehrenamtliche Helfer zu haben. Dazu gehörte z.B. Ingo Ellgering, Vorstandsmitglied der Kreissparkasse Köln und Schatzmeister im Verein der Zoofreunde, dem es immer wieder gelang, Spender für den Zoo zu gewinnen, und der anlässlich von Geburtstagen und Jubiläen selbst Spendenaktionen durchführte.

1996 restaurierte das Närrische Consulat der Großen Kölner Karnevalsgesellschaft von 1882 eine der beiden Hirschfiguren, die mehr als ein Jahrhundert den alten Eingang des Zoos flankiert hatten.

Zoo und Künstler

Natura artis magistra, die Natur ist die Lehrmeisterin der Kunst, lautet das Motto des 1838 gegründeten Amsterdamer Zoos, der deshalb bis heute im Volksmund kurz „Artis" genannt wird. Bezeichnenderweise fiel die Blütezeit der Tiermalerei in der Mitte des 19. Jahrhunderts mit der Gründungsphase der Zoos in Europa zusammen, denn in den nun überall entstehenden zoologischen Gärten fanden die Künstler ihre Modelle. In den Sechzigerjahren erschien Alfred Brehms „Illustrirtes Tierleben", das für die nächsten 100 Jahre zum Bestseller wurde, der in keinem deutschen Bücherschrank fehlen durfte. Für die Illustrationen hatte Brehm seine Maler wie Robert Kretschmar und Gustav Mützel in die Zoos von Amsterdam bis Berlin und von Frankfurt bis Köln geschickt. Der Tierplastiker Josef Pallenberg wurde schon mehrfach erwähnt. Zu den bedeutenden Malern, die ihr Weg durch den Kölner Zoo führte, gehören Wilhelm Leibl, August Macke und Max Ernst.

So wie in den Zwanzigerjahren Richard Riemerschmid von der Kölner Werkschule seine Schüler in den Zoo schickte, so tut das heute Jürgen Knabe, Begründer der Kölner Malakademie (für Menschen reifen Alters). Viele setzen sich dadurch angeregt intensiv mit der Tierwelt auseinander und stellen ihre Werke gerne dort aus, wo sie entstanden sind. Von den 81 Ausstellungen, die wir während der letzten 25 Jahre im Kölner Zoo präsentierten, waren fast die Hälfte Kunstausstellungen. Bei den Künstlern handelte

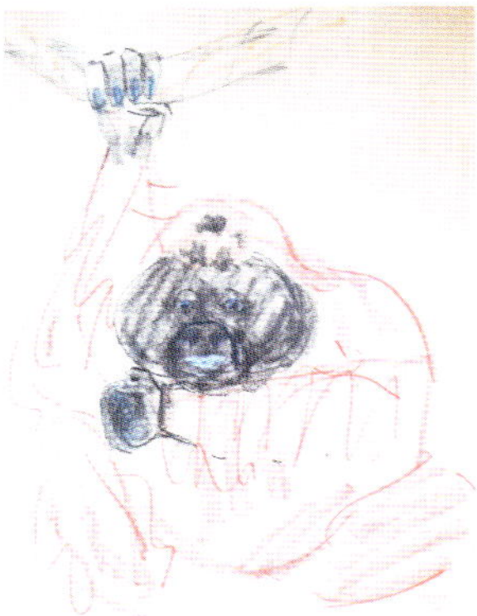

Das Bild eines männlichen Orang-Utans von Helene Moch (1909-2002), die bis ins hohe Alter den Kölner Zoo mit ihrem Skizzenblock durchstreifte.

Zu den Vergessenen des Expressionismus gehört Louis Ziercke (1887-1945). Erst 2004 wurde eine Mappe mit Kohlezeichnungen entdeckt, in der sich auch dieses Spitzmaulnashorn befand.

es sich um mehr oder weniger bekannte. In jedem Fall empfand ich die Begegnung mit ihnen als bereichernd, handelte es sich doch um Menschen, die sich wie ich der Natur verbunden fühlten, wenn sie sich auch auf andere Weise als ich, eben künstlerisch, mit ihr auseinandersetzten. Um die symbiotischen Beziehungen zwischen Künstlern und Zoo zu würdigen, widmete ich ihnen in der im Jubiläumsjahr 1985 mit Johann Jakob Häßlin herausgegebenen Chronik des Kölner Zoos sogar ein eigenes Kapitel.

Über viele Jahre war den Zoobesuchern Helene Moch mit ihrer großen Zeichenmappe und ihrem kleinen Klappstuhl ein vertrauter Anblick. Geboren 1909, dem Jahr, in dem Franz Marc sein „Junges Pferd in der Berglandschaft“ schuf, wuchs sie mit dem Expressionismus auf, und sie ist diesem Stil ihr Leben lang treu geblieben. Ihr Thema war die Tierwelt. „Was ich auch anfange“, sagte sie, „es wird immer ein Tier.“ Im Jahr 2000 widmete der Zoo dem Lebenswerk der damals 91-Jährigen eine große Ausstellung in der Multifunktionshalle des gerade eröffneten Tropenhauses. Zu den Vergessenen des Expressionismus gehörte Louis Ziercke (1887–1945), bis Horst Heidermann 2004 eine Biografie des „Malers am Rhein“ herausbrachte. Eine Enkelin, Winifred Scheithe, entdeckte im selben Jahre auf dem Speicher ihres Hauses eine Mappe Zierckes mit Kohlezeichnungen, ausschließlich Tiermotiven, aus den Dreißigerjahren. Nun wurden diese dort, wo sie entstanden sind, erstmals der Öffentlichkeit vorgestellt.

Zwar erheben zoologische Gärten den Anspruch, die Tierwelt der Erde widerzuspiegeln. In Wirklichkeit handelt es sich aber um einen Zerrspiegel. Während in der Natur den 4000 Säuger- und 8000 Vogelarten 800.000 bisher beschriebene Insektenarten gegenüberstehen, ist das Verhältnis dieser Tiergruppen im Zoo eher umgekehrt. Selbst im Kölner Zoo, der über ein Insektarium mit Insekten und anderen Gliederfüßern und ein Aquarium mit allerlei wirbellosen Tieren wie Korallen, Schneckentieren und Stachelhäutern verfügt, sind 85 % der gehaltenen Arten Wirbeltiere und nur 15% Wirbellose. Wenn Insekten in einem Zoo präsentiert werden, handelt es sich vorwiegend um Schmetterlinge, Käfer und Heuschrecken, in jedem Falle Arten, die schön aussehen, tagaktiv sind und so groß, dass man sie mit bloßem Auge sehen kann. In keinem Zoo der Welt wird ein Vertreter der Zweiflügler, Fliegen und Mücken, der mit 150.000 Arten drittgrößten Insektengruppe, gezeigt. Nachdem ich ein Jahrzehnt lang eine sich selbst erhaltende Kolonie von Tsetsefliegen unterhalten hatte, habe ich ernsthaft überlegt, diese interessanten Tiere auch einmal im Zoo zu demonstrieren, habe aber wegen des damit verbundenen Aufwands darauf verzichtet. Als dann aber 1998 ein junger Künstler, Roland Schappert, mit der Idee zu einer Installation mit dem Titel „Am Beispiel Fliegenbilder“ an mich herantrat, lud ich ihn zu einer Ausstellung im Zoo ein. Der junge Künstler brachte allerdings keine lebendigen Fliegen mit, sondern Fotos, aber auch diese nicht von lebendigen, sondern toten Fliegen. Natürlich verfolgte er damit keine wissenschaftliche Dokumentationsabsicht. Vielmehr verstand er seine Installation als Reaktion auf die Institution Insektarium, wobei er jedoch eine allgemeine Vorstellung oder Idee von den Fliegen negierte. Und weil das alles für normale Fliegenliebhaber recht unverständlich erschien, brachte er zur Interpretation seiner An- und Absichten den damals noch völlig unbekannten, inzwischen aber mehrfachen Bestsellerautor Richard David Precht mit, der einen sehr bemerkenswerten Vortrag mit dem Thema „Ordnung der Beziehungen“ hielt. Nach eigenem Bekunden wäre Precht am liebsten Zoodirektor geworden, hatte dann aber doch dem Studium der Biologie Philosophie und Germanistik vorgezogen. Er hat sich jedoch immer sehr stark für die Zoologie interessiert und ein gehöriges Fachwissen erworben. Welcher Philosoph weiß schon, was eine Harpyie ist? Die Entwicklung der Zoos hat er aufmerksam verfolgt und mit kritischen Essays begleitet, was mich nicht davon abgehalten hat, ihn zu einem Vortrag vor den Freunden des Kölner Zoos einzuladen. Seine Ansichten über Tier- und Artenschutz hat er im Jahr 2000 in einem sehr beachtenswerten Buch, „Noahs Erbe. Vom Recht der Tiere und den Grenzen des Menschen“, niedergelegt.

Creative Networking

Imagepflege ist für einen Zoo genauso wichtig wie für jedes andere Unternehmen. Umso erstaunter war ich 1981, dass der Kölner Zoo 121 Jahre nach seiner Gründung noch immer kein Firmenlogo hatte. Bei einem Zoo bietet sich fürs Logo natürlich ein Tier an. Auf der einen Seite sollte dieses Tier typisch sein für den Kölner Zoo, auf der anderen Seite grafisch gut zu verarbeiten. Da sich nach dem Krieg die Primaten, die in drei Affenhäusern 30 % aller im Kölner Zoo gehaltenen Säugetierarten stellen, zu einem Schwerpunkt des Tierbestandes entwickelt hatten, kam für mich nur ein Affe infrage. Die Wahl fiel schließlich auf den Schwarz-weißen Vari, eine Lemurenart. Zwei dieser Tiere setzten wir auf einen roten Balken, um so auch den Farben der Stadt Köln, rot und weiß, Rechnung zu tragen. Allerdings hatten wir offenbar zu wenig bedacht, dass kaum jemand den Vari kennt. Im Lemurenhaus konnte man die unterschiedlichsten Vermutungen hören, was das denn für Tiere seien. Vom Stinktier über den Waschbären bis zum schwarzweißen Panda war alles dabei. Nur von einem Vari hatte noch niemand etwas gehört.

Nachdem der Zoo sich in den Neunzigerjahren immer mehr zum Naturschutzzentrum der Stadt gewandelt hatte, entwickelte Robert Pütz, dessen Firma nicht zu Unrecht Creative Networks Ltd. hieß, aus unserem Logo eine Corporate Identity, die diesen Wandel zum Ausdruck brachte: „Zoo Köln – unsere Arche Noah". Was mit Arche Noah gemeint ist, versteht jeder. Das vorgesetzte Possessivpronomen zielte auf die Identifikation der Kölner mit ihrem Zoo und seiner neuen, zukunftsweisenden, der Arche Noah-Funktion. Das war leicht verständlich, eingängig, geradezu genial. Eingängige Bezeichnungen und Logos fielen Robert Pütz auch zu unseren großen Bauprojekten, dem REGENWALD und dem ELEFANTENPARK sowie unseren großen Sonderausstellungen, wie „Vier Millionen Jahre Mensch", „Insectic Park" oder „Dinoversum" ein. Dazu kamen unschlagbare Werbeslogans wie

ZOO Köln
Unsere Arche Noah

Die von Robert Pütz entwickelte Corporate Identity des Kölner Zoos bringt den Wandel von der Menagerie zum Naturschutzzentrum zum Ausdruck.

Das Wappentier des Kölner Zoos wurde der schwarz-weiße Vari, stellvertretend für alle Primaten, die seit Jahrzehnten den Schwerpunkt im Tierbestand darstellen.

Robert Pütz vor von ihm entworfenen Werbeplakaten zur Sonderausstellung über die Evolution des Menschen.

„Mensch, geh ins Kloster“, als wir das Eulenkloster eröffneten, „Besuchen Sie Ihre schrecklich nette Familie“ zur Ausstellung „Vier Millionen Jahre Mensch“ oder „Wir bauen für die Grauen“ zur Fundraisingkampagne für den ELEFANTENPARK. Für die Rundfunkwerbung produzierte er nicht nur immer wieder originelle, oftmals prämierte Werbespots, sondern brachte den lokalen Radiosender auch noch dazu, diese kostenfrei auszustrahlen. Zu seinem Netzwerk der Kreativen gehörten Künstler wie Heinz Edelmann, Karel Havlicek, der mit seinen Tierporträts die Informationstafeln des Zoos geprägt hat, und Tomi Ungerer. Letzterer stellte dem Zoo ein Portfolio von sieben Elefantenzeichnungen zur Verfügung, die zugunsten des ELEFANTENPARKs verkauft wurden. Die Vernissage fand bewusst nicht im Zoo, sondern in der Kunsthandlung Osper statt, um so nicht nur das typische Zoopublikum anzusprechen. Robert Pütz, der das alles kostenfrei und aus Liebe zum Zoo machte, gehörte damit zu den ganz großen Förderern des Kölner Zoos.

Tomi Ungerer unterstützte den Bau des ELEFANTENPARKs mit einem Portfolio von Elefantenzeichnungen, dem dieses Blatt entnommen wurde.

Jeder Werbefachmann fiele vom Glauben an seine Profession ab, wenn er hörte, mit welch lächerlichem Werbeetat wir es schafften, unsere Besucherzahlen nicht nur zu halten, sondern sogar Jahr für Jahr zu steigern, bis wir 2006 den absoluten Rekord in der Geschichte des Zoos erreicht hatten. Statt auf Werbung setzte ich auf Pressearbeit. Eine gute Berichterstattung in den Medien ist nicht nur billiger, sondern auch effektiver. Regelmäßige monatliche Presseführungen hatte Heini Hediger schon in den Vierzigerjahren im Berner Tierpark Dählhölzli eingeführt. Damals wurden diese allerdings vom Verwaltungsrat wegen der damit verbundenen Kosten für die Bewirtung der Journalisten heftig kritisiert, weil es sich bei denen ja doch nur „um versoffene Kerle“ handele. Pressetermine in den Schweizer Zoos werden in der Tat bis heute als Presseapéro bezeichnet und als solche durchgeführt. Nach dem Kriege wurde die Idee von anderen Zoos übernommen, und ich erinnere mich noch sehr gut, wie mein Vorvorgänger Windecker in den Sechzigerjahren einmal pro Monat einen Pulk von Journalisten durch den Kölner Zoo führte, um ihnen die Neuigkeiten aus dem Zoo zu präsentieren. Bietet man Journalisten jedoch zuviel auf einmal an, sind sie überfordert. Dann lassen sie die Hälfte weg und picken sich garantiert etwas völlig Unwesentliches heraus, um daraus eine tolle „Geschichte zu machen“, wie es im Jargon heißt. Vergeblich habe ich Journalisten immer wieder gebeten, keine „Geschichten zu machen“, sondern einfach das wiederzugeben, was ich ihnen erzählte. Sicherheitshalber bekam jeder von mir einen Waschzettel in die Hand gedrückt, sodass er das Wichtigste schwarz auf weiß mit nach Hause nehmen konnte. Außerdem bot ich ihnen nur ein Thema pro Pressetermin an, lud aber mit unverdrossener Hartnäckigkeit jede Woche, und zwar ohne Aperitif und Schnittchen, in den Zoo ein. An Themen mangelte es mir nie, und die Medien fanden sie auch immer interessant genug, um darüber zu berichten.

Zugegebenermaßen beruhte die hohe Medienpräsenz auf gegenseitigem Interesse. So wie der Zoo darauf bedacht war, in den Medien vertreten zu sein, so waren diese an Tierthemen interessiert, denn es entspricht einer journalistischen Binsenweisheit, dass Tiere den Auflagenstärken und Einschaltquoten gut tun. Unser Vorteil war, dass es in Köln mehrere Tageszeitungen gibt, und wenn eine einmal ein Zoothema ausließ, weil es letztlich alle Jahre wieder um die Geburt von Varis, Pudus und Przewalskipferden ging, beschwerten sich die Leser. Einmal hatte ich mich so über eine Boulevardzeitung geärgert, dass ich sie von unserem Presseverteiler strich. Es dauerte gar nicht lange, und ich erhielt einen Anruf aus der Redaktion, was denn los wäre. Wir haben die Sache dann bereinigt, und auch dieses Blatt war fortan wieder über die Geschehnisse im Zoo im Bilde.

Wanderu(hu) und Bon(o)bo(n)

Bei den Zeitungen fällt der Zoo in die Rubrik Lokales, wo er als Übungsfeld für Praktikanten und Volontäre betrachtet wird, deren biologischer Bildungshorizont allerdings meist nicht sehr weit ist. So wurden dann aus Wanderus, wie die indischen Bartaffen auch heißen, schon einmal Wanderuhus und aus Bonobos, fälschlicherweise auch Zwergschimpansen genannt, Bonbons, allerdings ohne dass jemand daran Anstoß genommen hätte. Einmal rief mich ein Journalist ganz aufgeregt an: Man habe am Rheinufer eine tote Schlange gefunden, und ob die wohl gefährlich, womöglich giftig sei. Ich beruhigte den Mann und erklärte ihm, dass eine tote Schlange niemandem etwas zuleide tue. Um etwas Genaueres dazu zu sagen, müssten wir das Tier allerdings sehen. Daraufhin kam er mit der Schlange an, und unser Schlangenspezialist identifizierte sie als völlig harmlose Königsnatter. Das machte nichts. Der Schlangenfund war der Zeitung eine Geschichte wert, sogar mit Bild. Als wir am nächsten Tag die Zeitung aufschlugen, war aber zu unserem Erstaunen aus der Königsnatter eine Kornnatter geworden. Das fanden wir sehr peinlich, denn die Leser hätten ja nun meinen können, die im Zoo haben gar keine Ahnung von Schlangen. Was uns aber zu denken gab: kein Anruf, kein Fax, keine E-Mail! Offenbar hat kein Mensch die Verwechslung bemerkt. Vielleicht aber hat die Geschichte auch niemanden interessiert. Das wäre dann eher für die Zeitung peinlich.

Köln ist eine Medienstadt, Standort des WDR, der größten öffentlich-rechtlichen Rundfunkanstalt, mehrerer privater Radio- und Fernsehsender sowie ungezählter Produktionsfirmen, die ihnen zuarbeiten. Wenn wir sie nicht zu einem Medientermin riefen, kamen sie

„Wir bauen für die Grauen." Gemeint waren die Elefanten.

von allein, wann immer ihnen eine zoologische Frage in den Sinn kam. Meistens ging es ums Wetter. Wie geht es den Eisbären, wenn die Sonne scheint, und wie, wenn sie nicht scheint? Was sagen die Paviane zur Sonnenfinsternis, und wie haben die Gorillas aufs letzte Erdbeben reagiert? Es verging kaum ein Tag, an dem sich nicht wenigstens ein Fernsehteam im Zoo aufhielt. Das Ergebnis waren in der Regel Fernsehbeiträge von 30 bis 90 Sekunden Länge. Je öfter aus dem Zoo be-

Der Titel zu diesem Plakat, das in Bussen und Bahnen für einen Zoobesuch warb, war dem gleichnamigen Lied der beliebten Kölner Band „De Höhner" entlehnt.

Das Werbeplakat zur Sommer-Nacht im Zoo. Heinz Edelmann setzte den Affen in den Mond.

richtet wurde, desto kürzer (und oberflächlicher) wurden die Beiträge. Nachrichten müssen dem überfütterten Fernsehkonsumenten von heute in leicht verdaulichen Häppchen angeboten werden, sonst bekommt er Verdauungsbeschwerden und zappt weiter. Sendungen wie Grzimeks „Ein Platz für Tiere" oder Magazine wie „Tele-Zoo" würde man den Zuschauern heute gar nicht mehr zumuten.

Nordrhein-Westfalen hat unter allen Bundesländern nicht nur die größte Bevölkerungsdichte, sondern auch die größte Zoodichte. Der WDR sah es gegenüber den Gebührenzahlern als seine Pflicht an, bei der Zooberichterstattung auf den Proporz zu achten. Also kamen wir statistisch jedes siebte Mal dran. Das änderte sich, als der WDR, um mit den privaten Sendern gleichzuziehen, sowohl im Rundfunk wie im Fernsehen lokale Fenster öffnete. Von da an waren wir zwar nicht mehr so oft landesweit, dafür aber umso öfter in Köln zu sehen und zu hören.

Bei allen zoopädagogischen Absichten seitens des Zoos darf ein Zoobesuch auch Spaß machen. Belehrung und Unterhaltung schließen sich also keineswegs gegenseitig aus. 1995 überredete mich Ina Rumpf, die Chefredakteurin von Radio Köln, zu einem Sommerfest im Zoo. Die Leute, die am Veranstaltungstag ohnehin im Zoo waren, fanden es ganz schön, aber es kam deswegen keiner extra in den Zoo. Das Unterhaltungsprogramm war nett, unterschied sich aber in nichts von dem der Veedels- und Straßenfeste, von denen in Köln während des Sommers an jedem Wochenende gleich mehrere veranstaltet werden. Um uns nun davon abzuheben, verlegten wir unser Zoofest 1998 erstmals auf die Abendstunden und nannten es „Sommernacht im Zoo". Damit hatten wir offensichtlich einen Nerv bei unserem Publikum getroffen. Man wollte wissen, wo und wie tagaktive Tiere die Nacht verbringen und was nachtaktive, die man tagsüber nur schlafend oder dösend antrifft, tun, sobald es dunkel wird. Der Ansturm war so groß, dass der Zoo zu klein wurde, weshalb wir die Sommernacht ab 2001 auf das Gelände der Flora ausdehnten.

Dass unser offizieller Medienpartner bei den Sommernächten der DuMont Verlag mit seinen Printmedien und Radio Köln war, störte den WDR nicht. Regelmäßig schaltete die Lokalzeit Köln in den Zoo, um live von der Sommernacht zu berichten. Schließlich gab es sogar eine zweieinhalbstündige Übertragung im Abendprogramm, also am Samstag zur besten Sendezeit. Die Zoobegeisterung von Studio Köln steigerte sich zu ungeahnten Höhen, als im Kölner Zoo das Elefanten-Zeitalter anbrach. In Erwartung der ersten Geburt eines Elefanten, sponserte es eine Webcam, und während der WDR normalerweise um die 50.000 Zugriffe im Monat auf seine Homepage verzeichnete, waren es nun über 200.000 am Tag. Public Relations sind eben ein Geschäft auf Gegenseitigkeit.

Tierisch kölsch

Inzwischen hatten auch die anderen ARD-Anstalten die Zoos als Quotenbringer erkannt. Jede hatte ihre tägliche Doku-Soap aus dem Zoo. Eine Doku-Soap ist eine Mischung aus Dokumentation und Spielfilm, allerdings völlig ohne Drehbuch. Ein Fernsehteam hält die Kamera auf alles, was sich im Zoo bewegt und fügt die Filmschnipsel im Studio zu einer 45-minütigen Sendung zusammen. Hauptsache, es sind Tiere zu sehen, natürlich mit Tierpflegern, die sie versorgen, oder Tierarzt, der sie behandelt, wenn sie einmal krank sind. Es ist auch ein sehr preiswertes Genre: Man braucht ja keinen Drehbuchautor, keine Schauspieler, die Kulissen werden kostenfrei gestellt, schließlich können die Zoos doch dankbar sein, dass sie ins Fernsehen kommen. Aber es entsteht ein recht einseitiges Bild vom Zoo. Natürlich ist es wichtig, dass es den Tieren im Zoo gut geht, weswegen sie ordentlich versorgt werden müssen. Aber das ist doch eigentlich nur die Voraussetzung für das, was einen modernen Zoo heutzutage ausmacht. Von dem, was die Zoos auf dem Gebiet des Naturschutzes leisten, ihren zoopädagogischen Bemühungen und den interessanten Forschungsprojekten kommt in einer Doku-Soap nichts vor. Deswegen war ich ganz froh, dass das Proporzdenken des WDR uns von einer Doku-Soap verschont hatte. Der WDR hatte nämlich schon zwei, eine aus dem Dortmunder Zoo und eine aus dem Allwetterzoo Münster.

Auf einmal merkte das ZDF, dass bei der ARD etwas abging, was es offensichtlich verpasst hatte. Zoosendungen und Kochstudios gehören heute einfach zur Grundausstattung eines Fernsehprogramms. Nachdem es aber kaum noch einen Zoo in Deutschland gab, der nicht schon seine eigene Serie im Fernsehen hatte, klopfte das ZDF in Köln an und schickte, man glaubt es kaum, sogar jemanden aus der Wissenschaftsredaktion, um mich zu überreden, mitzumachen. Natürlich sollte sich die ZDF-Serie von allem abheben, was jemals über Zoos im deutschen Fernsehen gezeigt worden ist, und tatsächlich reisten dann auch Kamerateams nach Vietnam, Ungarn und Zambia, um auch von unseren Naturschutzprojekten zu berichten. So kam es schließlich 2006 zu 110 Folgen à 45 Minuten „Tierisch kölsch", die dem ZDF in seinem Nachmittagsprogramm nie erlebte Einschaltquoten (bis zu 17 %) bescherten. Schlimmer als eine Doku-Soap ist nur ein Spielfilm über die Arbeit im Zoo. Als das, was so im Zoo passiert, von den Doku-Soaps allmählich ausgelutscht war, die Fernsehzuschauer aber weiter Zoos sehen wollten, kam man auf die Idee, selber Drehbücher für Filme, die im Zoo spielen, zu schreiben. Ist eine Doku-Soap nur platt, ist der Spielfilm zumindest für Insider unerträglich. Seitdem es den Zoospielfilm gibt, kann ich jedenfalls verstehen, warum sich ein Polizist keinen Krimi im Fernsehen ansehen kann. Der Unterhaltungsanspruch der Medien auf der einen und die Mediengeilheit der Zoos auf der anderen Seite, die alles mitmachen, was die Medien von ihnen wollen, zieht das Niveau der Zooberichterstattung leider immer weiter nach unten.

Zoo de Cologne

Von 1996 bis 2005 hatte ich einen eigenen wöchentlichen Sendeplatz bei Radio Köln, den „Zoo de Cologne". Zwar handelte es sich auch hier nur um 90-Sekunden-Beiträge. Die Zeit reichte jedoch, um manch Erstaunliches, Amüsantes, zuweilen auch Groteskes aus der Tierwelt zum Besten zu geben. Tiere gibt es ja nicht nur im Zoo, sondern auch sonst in der Stadt: Glücksschweine und Schnapsdrosseln, Heuschrecken, Moorhühner und Sündenböcke. Ich klärte die Kölner über Osterhasen und Wetterfrösche, Schnattergänse und Zebrastreifen auf. Ich wetterte gegen Schimpansen als Filmhelden, gab dem Kämmerer Tipps für die Erhebung der Sexsteuer und schimpfte auf die Ratsmitglieder, die sich, wie es in der Zeitung hieß, „reihenweise Spiele wie Affenschießen auf ihre Dienstlaufwerke geladen und sich dabei einen Virus eingefangen hatten". Das alles nahm man ja noch hin. Den Stein des Anstoßes lieferten jedoch die Pinguine des Bremerhavener Zoos. Als die dortige Zoodirektorin feststellte, dass es in ihrer Pinguinkolonie fast nur Männchen gab, besorgte sie ein paar weibliche Tiere, um mit einem ausgeglichenen Geschlechterverhältnis die Voraussetzung für eine erfolgreiche Pinguinzucht zu schaffen. Diese Maßnahme empörte jedoch die Schwulen, nicht die schwulen Pinguine, sondern die schwulen Menschen. Den Bremerhavener Oberbürgermeister forderten sie auf, „den rechtsunmündigen Schutzbefohlenen, also den Pinguinen, die organisierte zwangsweise Belästigung durch weibliche Verführungskünste zu ersparen". Die Frage, die sich daraus für mich ergab, nämlich „Zucht oder Unzucht", ging nicht durch die Zensur der Redaktion. Gut 500 Beiträge sind im Laufe der Jahre im Äther verrauscht. Um wenigstens einige vor dem Vergessen zu bewahren, habe ich sie zu Papier gebracht und unter dem Titel der Sendereihe in einem Buch veröffentlicht.

Die Arbeit mit den Medien war also sehr abwechslungsreich und, weil von größter Werbewirksamkeit für den Zoo, auch sehr erfolgreich. Für den Erfolg machte ich auch fast alles mit, vom legendären „WWF-Klub" mit Mareike Amado, Frank Laufenberg und Jürgen von der Lippe in den Achtzigerjahren bis zu „TV total" mit Stefan Raab in meinem letzten Jahr. So mancher Prominente, vom jordanischen König Hussein bis zu Michael Jackson, besuchte den Kölner

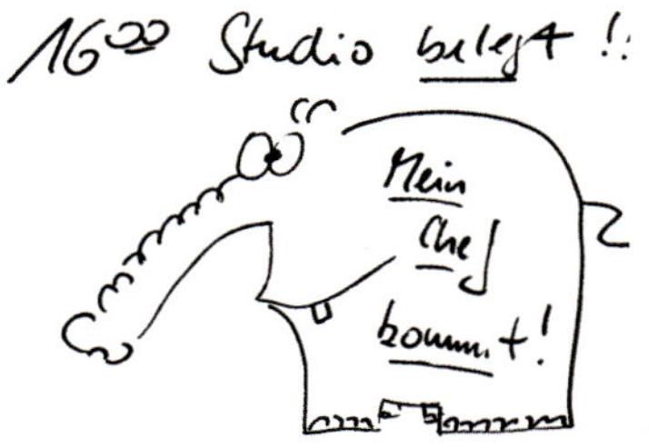

Einmal pro Woche hieß es bei Radio Köln: „Studio belegt." Der Chef vom Zoo de Cologne ist da.

Michael Jackson 1992 bei seinem denkwürdigen Zoobesuch mit einer handverlesenen Gruppe von Jacko-Fans im Urwaldhaus für Menschenaffen.

Zoo. Aber wenn einer dies unbelästigt von Paparazzi tun wollte, respektierte ich den Wunsch. Beim King of Pop, der sich 1992 zu einem Konzert in Köln aufhielt, war es besonders schwierig, seinen Zoobesuch geheim zu halten, denn er konnte keinen Schritt tun, ohne dass ihm Fans und Pressefotografen auflauerten. Wir verabredeten uns am Abend, als der Zoo längst geschlossen war. Sein Fahrzeugkonvoi wurde eingelassen, und wir fuhren gleich durch zum Urwaldhaus, da sich Michael Jackson, der auf seiner Farm Neverland selbst einen Schimpansen hielt, besonders für Menschenaffen interessierte. Ich erklärte ihm den Unterschied zwischen Schimpansen und Bonobos und versuchte, seine Aufmerksamkeit auf die prekäre Situation unserer nächsten Verwandten infolge der Zerstörung der tropischen Regenwälder zu lenken. Er hörte sich meine Ausführungen auch geduldig an, aber er ließ sich absolut nicht anmerken, was er davon hielt. Stattdessen wollte er wissen, ob es in diesem Zoo auch Schlangen gebe. Natürlich gab es sie, und ich wollte sie ihm auch gerne zeigen. Die Schwierigkeit bestand nur darin, dass die Reptilien im Aquarium untergebracht sind, das vor dem Haupteingang des Zoos auf der anderen Straßenseite liegt. Wie der Besuch Michael Jacksons trotz aller Bemühungen, ihn geheim zu halten, bekannt geworden war, ist mir bis heute ein Rätsel. Jedenfalls hatte sich vor dem Zooeingang mittlerweile eine Menge an Schaulustigen eingefunden. Zum Glück gibt es einen Straßenübergang durchs Insektarium, durch den wir unbemerkt zu den Schlangenterrarien gelangten. Eine gute Stunde dauerte dieser Zoobesuch der besonderen Art. Natürlich hatte auch die Presse Wind davon bekommen und sie hatte überhaupt kein Verständnis dafür, dass ich ihr nicht wenigstens einen Tipp gegeben hatte. Am nächsten Tag stand es in allen Zeitungen, aber wie bei Gerichtsverhandlungen in Amerika gab es nur eine Zeichnung, eine Karikatur von Otto Schwalge. Das Erinnerungsfoto, das wir gemacht hatten, behielt ich für mich. Ich habe übrigens nie verhehlt, dass ich – unabhängig von der persönlichen Begegnung – ein Fan von Michael Jackson bin. So spielte ich z.B. beim Galadinner zur Eröffnung des REGENWALDs den Videoclip seines „Earth Songs" von 1995 ab (Best Video Award 1996, Grammy-Nominierung als bestes Musik-Video 1997). Die Gäste waren zuerst ein wenig konsterniert, schließlich aber begeistert, denn der Earth Song, in dem Michael Jackson sich mit Umweltzerstörung und Artensterben auseinandersetzt, geht jedem unter die Haut. Offensichtlich war da ja doch etwas von meiner Predigt im Urwaldhaus hängen geblieben.

Auch mein eigenes Privatleben habe ich stets vor den Medien zu verbergen versucht. Homestories gab es bei mir jedenfalls nicht. Rief jemand von der Zeitung an, um zu erfahren, wo ich denn meinen Urlaub verbringen wolle, war die knappe Antwort: „Hab' keinen Urlaub." Wollte jemand wissen, mit wem ich verheiratet sei und wie viele Kinder ich hätte: „Kann mich nicht erinnern." Also: keine Homestories! An diesen Grundsatz habe ich mich die 25 Jahre, die ich im Zoo arbeitete, streng gehalten. Ich bot sogar meinen ganzen Ehrgeiz auf, nicht in den Klatschspalten der Presse zu erscheinen, und war damit auch recht erfolgreich. Für Schlagzeilen aus dem Hause Nogge sorgte nur einmal mein damals 17-jähriger Sohn.

Normalerweise kam die Oma zu Besuch, um den Jungen zu beaufsichtigen, wann immer die Eltern verreist waren. Mit 17, dachten wir, wäre er nun alt genug, dass man ihm die Dienstvilla im Zoo für ein paar Tage auch einmal allein überlassen könnte. Als wir von der Reise zurückkehrten, empfing uns unser Sohn zu unserer Überraschung schon auf dem Bahnsteig. Wir begrüßten ihn mit gemischten Gefühlen, denn vom Bahnhof hatte er uns in seinem ganzen Leben noch nicht abgeholt. Als dann der Taxifahrer, der uns nach Hause brachte, noch bedeutungsvoll sagte: „Nun seien Sie mal nicht zu streng mit dem Jung!", war uns endgültig klar, dass ihn nicht die Sehnsucht

Da Pressefotografen beim exklusiven Zoobesuch von Michael Jackson ausgeschlossen waren, konnte die Zeitung das Ereignis nur mit einer, allerdings sehr treffenden, Karikatur von Otto Schwalge illustrieren.

nach seinen Eltern, sondern ein schlechtes Gewissen zum Bahnhof getrieben hatte. Auf dem Tisch lagen Zeitungen mit Schlagzeilen wie „Randale nach Party im Zoo", „Sohn von Zoochef Nogge mit Randalierern im Tierpark", „Nachts auf Mopeds durch Zoo gerast" und „Besuch im Zoo mit viel Radau". Unser Sprössling hatte also die sturmfreie Bude zu einer Party mit Freunden genutzt. Das war zwar nicht abgesprochen, aber doch verständlich. Wenn Jugendliche heutzutage eine Party feiern, spricht sich das ganz schnell in der ganzen Stadt herum, und es erscheinen auf einmal Gäste, die man gar nicht eingeladen hat, manchmal nicht einmal kennt. So war es auch in diesem Fall. Wer möchte nicht einmal in der Zoovilla feiern? Außerdem bekommt man die Gelegenheit, den Zoo bei Nacht zu besuchen. Nicht umsonst wurde die Sommernacht im Zoo so ein Publikumserfolg. Nun gehen junge Leute beim Mondschein nicht einfach spazieren. Sie sind ja motorisiert, und mit dem Moped geht's doch viel schneller, zumal auf nicht öffentlichem Gelände die Straßenverkehrsordnung nicht gilt. Unversehens war aus dem nächtlichen Zoospaziergang also eine Motorradrallye geworden. Egal, was im Zoo passiert, es gibt immer Zooanwohner, die etwas zu meckern haben. So konnte es nicht ausbleiben, dass sich welche beschwerten, sogar die Polizei alarmierten, die die ganze Geschichte im kleinen Polizeibericht an die Zeitungen weitergab. Übrigens haben wir unseren Sohn von da an stets ohne Bedenken allein zu Hause gelassen. Eine derartige Party hat er nie wieder gefeiert.

TIERGESCHICHTEN

Piranhas vor der Kulisse eines südamerikanischen Urwaldes im Aquarium des Kölner Zoos.

Viele meinen, als Zoodirektor spaziere man den ganzen Tag durch den Zoo und spreche mit den Tieren. Tatsächlich hat ein Zoodirektor aber noch andere Aufgaben, die er zumeist am Schreibtisch erledigt. Andererseits kann man kein Buch über den Zoo schreiben, in dem keine Tiere vorkommen. Deshalb habe ich in diesem Kapitel einige Geschichten über Tiere aufgeschrieben, mit denen mich besondere Erinnerungen verbinden.

Piranhas – von der Geburt bis zur Bestattung

Zu den Innovationen des 1971 eröffneten Aquariums des Kölner Zoos gehören zwei Landschaftsbecken, riesige Aquarien, die wie natürliche Gewässer in die Landschaft integriert sind. Bei einem der beiden handelt es sich um ein südamerikanisches Gewässer, in dem ein Schwarm Piranhas lebt, deren Attraktivität

durch regelmäßige Schaufütterungen noch erhöht wird. In der Natur wird die Fortpflanzungsaktivität dieser berüchtigten Fische durch Umweltveränderungen ausgelöst, die mit einer Eintrübung des Gewässers durch Schwebeteilchen verbunden sind.

In der Anfangszeit des Aquariums vor mehr als drei Jahrzehnten passierte dies einmal eher unbeabsichtigt durch sich plötzlich vermehrende Algen. Man entfernte diese sofort und sorgte fortan dafür, dass das Gewässer stets so penibel sauber war, dass die Piranhas nie mehr einen Anlass fanden, sich zu vermehren. Erst 2004 besannen wir uns eines Besseren und simulierten die für die Tropen typische Regenzeit durch eine Veränderung der Temperatur und anderer Wasserwerte – was die Piranhas sofort in Fortpflanzungsstimmung versetzte und dem Zoo einen schönen Zuchterfolg bescherte.

Einmal rief mich ein Fernsehjournalist an und bat um eine Drehgenehmigung am Piranhabecken. Es ging um irgendeinen Test, wie es wohl besser schmecke: gebraten oder roh. Ich sagte, dass Piranhas sehr gut schmecken, gebraten, auch gekocht. Dass jemand Piranhas roh isst, hätte ich noch nicht gehört. Die Japaner, von denen man ja weiß, dass sie rohen Fisch essen, könnten es vielleicht machen. Allerdings kämen Piranhas nicht in Japan, sondern in Südamerika vor. Ich nähme also an, dass die Japaner gar keine Gelegenheit hätten, Piranhas roh zu essen.

Mein Gesprächspartner unterbrach mich – ein bisschen unwirsch. Es gehe nicht darum, wie zubereitet Piranhas am besten schmeckten, sondern darum, ob sie selbst, die Piranhas, vielleicht gebratenes Fleisch rohem vorzögen. „Nun", sagte ich, „Piranhas stürzen sich mit ihren rasiermesserscharfen Zähnen auf alles Essbare, was ins Wasser fällt. Da gebratene Hühner oder Spanferkel aber nicht mehr laufen, können sie auch schwer ins Wasser fallen. Ich vermutete also, Piranhas kennen gar nichts Gebratenes, deshalb wissen sie auch nicht, ob es ihnen besser schmeckt als rohes Fleisch."

Mein Journalist am anderen Ende der Telefonleitung atmete hörbar erleichtert auf. Endlich hatte ich es begriffen. Genau darum gehe es ihm doch. Er wollte an unseren Piranhas ausprobieren, was ihnen besser schmeckt. Im ersten Moment war ich verblüfft, worauf diese Fernsehleute kommen, und ich fragte mich, ob dieser Test nun für ein Verbraucher- oder Gesundheitsmagazin, vielleicht eines der ungezählten Kochstudios im Fernsehen gemacht werden sollte, für „Explosiv", „taff", „Brisant", „Akte 2003" oder vielleicht „Versteckte Kamera", „tv-total", oder „Was guckst Du"? Also nicht mit mir. Um nicht unhöflich zu erscheinen, blieb ich ganz ruhig und erklärte ihm, dass im Kölner Zoo keine ungenehmigten Tierversuche durchgeführt, geschweige denn fürs Fernsehen gefilmt werden dürften.

Ein anderes Mal war der Zeitung zu entnehmen, dass es in Deutschland ein neues Bestattungsgesetz gäbe. So muss man Tote jetzt nicht mehr unbedingt in einem teuren Sarg beerdigen. Man kann die Leiche auch so verscharren. Lässt man sich verbrennen, muss man keine Urne mehr kaufen. Die Asche kann einfach – auf dazu ausgewiesenen Plätzen, versteht sich – verstreut werden. Dies brachte Herrn Karl Friedrich Lentze aus Berlin auf eine Idee. Er bat um die „postmortale Verfütterung seines Körpers" an die Piranhas. „Gegebenenfalls", schrieb er, „könnte dieser Akt auch zur realistischen Illustration der Lebensweise dieser Fische dienen, z.B. im Rahmen einer Vorführung für Studenten."

„Das ist ja eine tolle Idee", schrieb ich ihm zurück. „Sie sollten Ihren Letzten Willen nur notariell beglaubigen lassen. Sonst bekommen wir vielleicht Schwierigkeiten mit dem Bestattungsgesetz, da der Gesetzgeber diese Möglichkeit gar nicht in Betracht gezogen hat. Wenn Sie an eine Demonstration zu Lehrzwecken denken, würde ich Sie allerdings lieber lebendig verfüttern. Außerdem wäre Ihr Transport von Berlin nach Köln dann billiger. Um uns aber auch den zu ersparen, schlage ich Ihnen vor, doch gleich ins Piranhabecken des Berliner Zoos zu springen."

Krokodile – von der Welterstzucht bis zum Pflegefall

1980 gab es im Aquarium eine Welterstzucht, und zwar von Brauenkaimanen. Bis 2006 sind in Köln nicht weniger als 346 Brauenkaimane erfolgreich aufgezogen worden. Für die afrikanischen Nilkrokodile gelang die europäische Erstnachzucht. Auch dies war kein Einmalerfolg, allerdings wurde die Zucht von Nilkrokodilen eingestellt, als der Bedarf bei den befreundeten Aquarien gedeckt war. Für das Kölner Aquarium und seine vielen, teilweise spektakulären Zuchterfolge war 25 Jahre lang Harald Jes zuständig. Niemals aber stand er so im Blitzlichtgewitter der Medien wie in seinem letzten Jahr, als er einen Brillenkaiman namens Sammy in Pflege bekam.

Dass jemand privat ein Krokodil hält, ist zwar nicht alltäglich, hat aber normalerweise keinen Nachrichtenwert. Möchte man mit seinem ausgefallenen Hausgenossen auffallen, muss man ihn schon an der Leine spazieren führen. Reißt sich das Tier dann noch los und flüchtet ins nächste Baggerloch, ist die Sensation für die Medien perfekt. Ein Reptil, dessen Gefährlichkeit Fachleute mit der eines Dackels gleichsetzen, wird dann zum Ungeheuer von Loch Neuss – das Baggerloch befand sich nämlich bei Neuss – hochstilisiert und sein Besitzer zum Medienstar und zum „Menschen 94" des ZDF. Bekam Letzterer zunächst die einhellige Entrüstung sämtlicher Medienvertreter wegen seines leichtsinnigen Umgangs mit der vermeintlichen Bestie zu spüren, hatte er deren ungeteilte Sympathie, als es hieß, dass er seinen Liebling, nachdem er endlich wieder eingefangen war, nicht mit nach Hause nehmen durfte. Beschimpft wurde nun Harald Jes, weil er das vorsichtshalber beschlagnahmte Tier in Pflege nahm und der Zoo, weil man Sammy nicht ohne Entrichtung des normalen Eintrittsentgeltes für das Aquarium besichtigen konnte. Dass der junge Mann nicht einmal den rechtmäßi-

Im Kölner Zoo wird außer dem hier gezeigten Brauenkaiman das Nilkrokodil gehalten und gezüchtet. Als Heimtiere sind Krokodile jedoch weniger geeignet.

Zwergseidenäffchen, mit 12-15 cm Größe die kleinsten Affen der Welt, passen in jede Westentasche.

gen Besitz des Kaimans nachweisen konnte, wurde ihm von der Journaille großzügig verziehen. Artenschutzverstöße sind in Deutschland eben nach wie vor Kavaliersdelikte.

Sprachgewandte Vögel

Der Drang zu exotischen Heimtieren ist ungebrochen, und er wird durch Film und Fernsehen weiter angeheizt. Nach „Findet Nemo“ versuchte jeder, an Clownfische zu kommen, und nach „Ratatouille“ stieg die Nachfrage nach Ratten ins Unermessliche. In deutschen Haushalten werden nach Angaben des Industrieverbands Heimtierbedarf 23 Millionen Heimtiere, darunter 5,3 Millionen Hunde, 7,5 Millionen Katzen und 10,3 Millionen Kleintiere und Ziervögel, gehalten, die einen Umsatz an Futter von rund einer Milliarde und an sonstigen Bedarfsartikeln in Höhe von 750 Millionen nach sich ziehen. Allein im Jahre 2004 wurden für drei Millionen Euro neue Tiere angeschafft. Das ist also ein Riesengeschäft. Wem es schwerfällt, das Geld für das Heimtier seiner Wahl aufzubringen, versucht, sich seinen Wunsch kostengünstig im Zoo zu erfüllen. Trotz Wachen und Alarmanlagen werden immer wieder Tiere

Publikumslieblinge waren seit 1965 Gelbhaubenkakadus. Manche mochten sie so sehr, dass sie sie mit nach Hause nahmen.

entführt: Schlangen, Spinnen, Papageien, Greifvögel, sogar Affen. Liebhaber gibt es für alle Tiere. Als die Polizei einmal einen Mann stoppte, weil er bei Dunkelheit mit unbeleuchtetem Fahrrad unterwegs war, stellten sie fest, dass es bei ihm piepte. Das Piepsen kam aus seinem Rucksack und stammte von zwei Zwergseidenäffchen, die er sich im Kölner Zoo besorgt hatte.

Im Kölner Zoo hat sich der Schwund an Tieren durch Diebstähle in Grenzen gehalten, und in fast allen Fällen haben wir die gestohlenen Tiere zurückbekommen. Zootiere sind ja heutzutage durch Mikrochips individuell gekennzeichnet, sodass eine zweifelsfreie Identifikation möglich ist, und in der Regel machen sich Tierdiebe und -hehler früher oder später verdächtig und fliegen auf. So war es z.B. bei unseren Gelbhaubenkakadus. Diese Publikumslieblinge wurden im Laufe der Jahre sogar zweimal mitgenommen, und wir haben sie beide Male wiederbekommen. Unsere Kakadus verraten sich nämlich durch ihre Sprache. Mein Vorvorgänger Windecker hatte sie 1965, also schon vor mehr als vier Jahrzehnten aus Australien importiert. Deshalb sprechen sie auch bis zum heutigen Tage Englisch. Von „Hello, do you have a cup of tea?“ und irgendetwas mit „Captain Cook" ist zumindest „Hello, Cookie", noch zu verstehen, was sie bis heute den Zoobesuchern entgegenkreischen. Als die Vögel das erste Mal weg waren, haben wir in die Zeitung gesetzt, dass sich die Tiere durch ihre Sprache verraten. Darauf wurde dem Dieb die Ware zu heiß, und er hat den Karton mit den Kakadus einfach irgendwo abgesetzt. Der zweite Dieb war so unvorsichtig, die Vögel am Tresen einer Kneipe zum Kauf anzubieten. Er hatte wohl nicht damit gerechnet, dass einer der Gäste unsere Kakadus an ihrem „Hello, Cookie“ wiedererkannte.

Viele Menschen werden im Laufe der Zeit ihrem Lieblingstier immer ähnlicher. Bei mir und meinem Lieblingsvogel trifft das zumindest für die Frisur zu.

Verkannter Marabu

Viele Menschen finden Marabus hässlich. Selbst der gute alte Brehm bezeichnete sie als die „hässlichsten aller Störche". Der Marabu erinnere ihn „an einen durch vieljährige Dienste krumm gebückten, in schwarzblauen Frack und enge weiße Beinkleider gezwängten Hofmann mit feuerrother Perücke, der sich scheu und ängstlich fortwährend nach dem strengen Gebieter umschaut, der gnädigsten Befehle harrend. Er erinnert", fügt Brehm hinzu, „an einen ungeschickten Menschen, welcher zum ersten Male in einen Frack gesteckt wird und dieses Kleidungsstück nicht mit dem nöthigen Anstand trägt." Also, ich sehe das völlig anders, ebenso wie die Menschen in Afrika. Dort wird der Marabu als Weiser und Schriftgelehrter angesehen. Den Bewohnern von Kordofan gilt er als „König der Geier". Dies nimmt Bezug auf seine Ernährungsweise. In wildreichen Gebieten leben Marabus nämlich wie die Geier von Aas. In der Nähe menschlicher Siedlungen findet man sie häufig auf Müllplätzen, weshalb sie auch als die Gesundheitspolizei Afrikas bezeichnet werden.

Es gibt kaum einen zoologischen Garten, in dem nicht ein, zwei Marabus auf der „Stelzvogelwiese“ umherstolzieren. Da diese Vögel aber sehr langlebig sind und in ihrer afrikanischen Heimat so häufig, dass ihre Beschaffung, ggf. Wiederbeschaffung kein Prob-

Vom Nestbau bis zum Erstzuchterfolg in der Geschichte des Kölner Zoos brauchten die Marabus mehrere Anläufe. Am 10. Januar 2001 war es so weit.

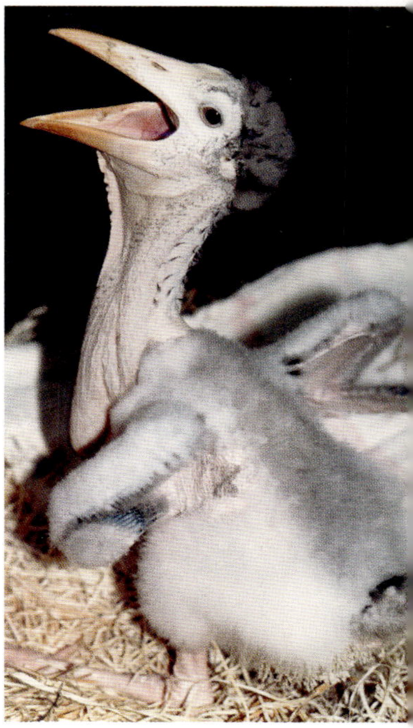

lem darstellt, hat sich kaum jemand die Mühe gemacht, sie nachzuzüchten. Die Zoos mit Zuchterfolgen kann man daher an zwei Händen abzählen. Die Erfolgsgeschichte der Kölner Marabus begann 1992. Als wir damals die Tierpatenschaften einführten, wollte ich mit gutem Beispiel vorangehen, adoptierte spontan einen Marabu und kümmerte mich fortan intensiver um diese Vögel als vorher.

Die Voraussetzung für jegliche Vogelzucht ist die Bildung von Brutpaaren. Von den drei Marabus, die damals im Kölner Zoo lebten, waren noch nicht einmal die Geschlechter bekannt. Also wurde als erster Schritt ein ganzer Trupp von Marabus angeschafft. Tatsächlich fanden sich bald darauf Paare zusammen, die kurz darauf anfingen, Nester zu bauen. Eines Tages lagen sogar Eier in einem Nest, leider aber noch unbefruchtet. Beim nächsten Versuch im darauffolgenden Jahr war dieses Problem zwar gelöst, aber die Entwicklung der Eier klappte nicht recht, und die Embryonen starben ab. Um die Risiken zu minimieren, wurden die Eier schließlich künstlich ausgebrütet, und so erblickte am 10. Januar 2001 – erstmals in der 141-jährigen Geschichte des Kölner Zoos – ein Marabu das Licht der Welt. Mehrfach wurden Marabus danach noch künstlich ausgebrütet und mit der Hand aufgezogen, bis die Elternvögel es 2005 schließlich allein schafften. Will man in der Tiergärtnerei Erfolg haben, muss man eben einen langen Atem haben.

Intelligenztest im Affenhaus

Früh übt sich, wer Werkzeuge braucht, um an Leckereien zu kommen. Sita, ein zweijähriger Orang-Utan, beim Werkzeuggebrauch.

Als Zoodirektor hat man nicht nur Gelegenheit, jeden Tag Tiere zu beobachten. Man kann auch die Menschen beobachten, die sie besuchen und dabei die Wirkung der Tiere auf die Menschen studieren. Der Schauwert eines Tieres ist kein konstantes zoologisches Merkmal. Er ergibt sich vielmehr aus einer spezifischen Tier-Mensch-Beziehung, die von Land zu Land unterschiedlich sein kann. Eine große Faszination auf alle Menschen üben Primaten, insbesondere Menschenaffen aus. Viele macht die frappante Menschenähnlichkeit im Aussehen, vor allem aber auch im Verhalten verlegen. Manche ergötzen sich an ihrem ungenierten Sexualverhalten, andere empören sich darüber. Nach molekulargenetischen Erkenntnissen unterscheiden sich Schimpansen und Bonobos von den Menschen nur in 0,5 % ihrer Erbanlagen – weshalb die drei Arten heute auch in einer Gattung Homo zusammengefasst werden. Der Unterschied zwischen Menschen und Schimpansen ist also geringer als z.B. zwischen Afrikanischen und Asiatischen Elefanten und damit kaum der Rede wert. Wie aber sieht es bei den geistigen Fähigkeiten aus? In den Jahren 1913 bis 1917 führte Wolfgang Köhler die ersten Intelligenztests mit Schimpansen durch, und zwar auf Teneriffa. An der Decke eines Raumes hing Köhler Bananen auf. Um sie zu erreichen, mussten die Schimpansen sich etwas einfallen lassen. Sie bauten aus Kisten, die im Raum herumlagen, einen Turm, den sie besteigen konnten, oder steckten Bambusstöcke zu einer Stange zusammen, mit deren Hilfe sie die Bananen herunter schlagen konnten. Damit war zum ersten Mal bewiesen, dass nicht nur Menschen, sondern auch Tiere Werkzeuge einsetzen können. Und nicht nur das. Sie denken sie sich wie wir sogar aus und stellen sie auch selbst her. Übrigens existiert die Casa Amarilla, wo Köhler diese bahnbrechenden Versuche in Puerto de la Cruz durchführte, bis heute. Allerdings ist sie recht baufällig und wegen eines Neubauprojekts sogar vom Abriss bedroht. Um das Andenken an Wolfgang Köhler zu bewahren, hat aber das Max-Planck-Institut für evolutionäre Anthropologie sein Zentrum für Primatenforschung im Leipziger Zoo nach ihm benannt.

Jahrzehnte später entdeckte Jane Goodall, dass Schimpansen auch in der Natur Werkzeuge benutzen und herstellen. Um an Termiten zu kommen, in Afrika bei Mensch und Tier als Leckerbissen geschätzt, präparieren sie sich Stöckchen, mit denen sie sie aus ihren Bauten angeln können. Diese Fertigkeit wird sogar von Generation zu Generation tradiert. Später stellte man fest, dass diese Tradition auf Schimpansenpopulationen in Ostafrika beschränkt und in anderen Gegenden Afrikas völlig unbekannt ist. Dafür haben die Tiere dort andere Fertigkeiten entwickelt, wie z.B. das Knacken von Nüssen, denen ostafrikanische Schimpansen hilflos gegenüberstehen, weil sie nie gelernt haben, wie man Nüsse knackt.

Erstmals in Europa baute Christian Schmidt, beraten von Jane Goodall, im Zürcher Zoo einen künstlichen Termitenhügel, um auch Zooschimpansen zum Werkzeuggebrauch zu animieren. Allerdings enthielt die Attrappe keine Termiten, sondern andere Leckereien wie etwa Honig, Marmelade oder Traubenzucker. Die Idee griffen wir in Köln 1983 auf. Statt einen Termitenhügel nachzubauen, benutzten wir allerdings einfach die im Gehege vorhandenen Kletterbäume und versenkten darin mit Süßigkeiten gefüllte Metallröhrchen. Natürlich haben wir den Tieren nicht gezeigt, wie man sich den Zugang dazu verschafft. Das sollten sie schon selbst herausfinden. Die spannende Frage für mich war, wer es zuerst schaffen würde, unsere Gorillas, Bonobos oder Orang-Utans. Es waren die Orang-Utans! Wenn ein Orang-Utan ein Problem erkennt, beschäftigt er sich konsequent und solange damit, bis er das Problem gelöst hat. Dieses Problem hatten die Orang-Utans in weniger als einer halben Stunde gelöst, und schon am nächsten Tag beherrschte die ganze Gruppe die Methode. Sie kamen auch am schnellsten dahinter, dass Traubenzucker besser an einem Stöckchen haftet, wenn man es vorher mit Spucke befeuchtet. Auch den Gorillas bereitete das Problem kaum Kopfzerbrechen, und ihre Fertigkeit, die richtigen Zweigstärken und -längen auszuwählen bzw. herzurichten, nahm von Tag zu Tag zu. Am längsten brauchten erstaunlicherweise die Bonobos, die ja heute als die intelligentesten Menschenaffen gelten. Sie waren furchtbar aufgeregt, als sie entdeckten, dass es da etwas gab, an das sie nicht so ohne Weiteres herankamen. Hektisch machten auch sie sich ans Werk, behinderten sich aber eher gegenseitig bei der Arbeit, sodass nichts klappte. Deshalb verloren sie auch rasch die Lust an der Arbeit, gaben auf und warfen alles wutentbrannt hin, um es dann später noch einmal zu versuchen. Nach wenigen Tagen aber waren alle drei Arten in gleicher Weise Meister der neuen Technik, und der Gebrauch von Werkzeugen gehörte fortan zu ihrer täglichen, immer wieder reizvollen Beschäftigung.

Während des Ersten Weltkrieges führte Wolfgang Köhler in der Casa Amarilla auf Teneriffa seine bahnbrechenden Intelligenztests mit Schimpansen durch.

Jane Goodall zu Gast im Hause des Frankfurter Zoodirektors, v.l.n.r.: Karin und Gunther Nogge, Jane Goodall, Christian Schmidt.

Petermann – geh du voran!

Zu den Gründern des Kölner Zoos gehören die von Rautenstrauchs, deren Namen ja auch das Völkerkundemuseum in Köln trägt. Bis zum heutigen Tage sind sie im Besitz von Zoo-Aktien. Und nicht nur das. Die von Rautenstrauchs waren durch die Jahrzehnte auch im Aufsichtsrat vertreten. Eugen von Rautenstrauch führte von 1934 bis 1938 sogar den Vorsitz. Ab 1957 saß sein Sohn Ludwig Theodor von Rautenstrauch im Aufsichtsrat. Als in den Siebzigerjahren die unternehmerische Mitbestimmung im Zoo eingeführt wurde, verloren die Privataktionäre ihren Sitz im Aufsichtsrat an die Arbeitnehmervertreter. Zunächst konnte Herr von Rautenstrauch zwar noch bleiben, weil ihm der Rat der Stadt eines seiner Mandate übertrug. Als er aber aus dem Stadtrat ausschied, entfiel auch diese Möglichkeit. Um das private Element in der Gesellschaft nicht völlig zu eliminieren und weil wir von Rautenstrauchs Erfahrung schätzten, machten wir ihn zum Ehrenmitglied. Zur 50. Wiederkehr seiner Mitgliedschaft warf ihn der Aufsichtsrat – in neuer Besetzung – aber hinaus, weil er meinte, das Aktiengesetz sähe gar keine Ehrenmitgliedschaft vor.

Dem heutigen Aufsichtsrat ist wahrscheinlich gar nicht mehr bekannt, was der Zoo der Familie von Rautenstrauch alles zu verdanken hat. Zur Gründung des Zoos stiftete sie ihm zwei Gürteltiere, einen Uhu und einen Puma. 1954 schenkte Eugen von Rautenstrauch dem Zoo zwei Schimpansen, Jacki und Susi. Der erste Menschenaffe nach dem Krieg war allerdings der Schimpanse Petermann, den der Zoo vermutlich schon 1949 oder 1950 erwerben konnte. Man kann sich heute kaum noch vorstellen, was das damals für den kriegszerstörten Zoo bedeutete. Petermann war eine Sensation, Symbol und Hoffnungsträger für den Wiederaufstieg des Zoos aus den Trümmern und er wurde rasch zum Publikumsliebling und zu einer stadtbekannten Tierpersönlichkeit.

Allerdings hat ein Schimpanse, der wie Petermann ohne Kontakt zu Artgenossen aufwächst, keine Gelegenheit, seine arteigenen Verhaltensweisen zu

Petermann konnte sich rühmen, der einzige Schimpanse zu sein, der über ein Postsparbuch verfügte.

erlernen. Stattdessen guckt er dem Menschen vieles ab und äfft ihn nach, was vom Publikum meist als lustig empfunden wird, und sieht sich schließlich sogar selbst als Menschen an. Das zeigte sich später bei Petermann, als man ihm Susi zur Gesellschaft gab. Susi interessierte ihn überhaupt nicht, weder als Gesellschafterin noch als Sexpartnerin. Sie war ja nur eine Schimpansin. Der enge Kontakt zwischen Mensch und Schimpanse muss spätestens abgebrochen werden, wenn Letzterer geschlechtsreif wird. Erwachsene Schimpansen sind zwar kleiner als Menschen, weil sie kürzere Beine haben, sind ihnen aber kräftemäßig haushoch überlegen.

KÖLN, Jahrgang 23, Nr. 236 • G 3079 A

EXPRESS

Freitag, 11. Oktober 1985

40 PF

Köln: Affe Petermann zerfleischt Zoo-Chef

Lebensgefahr! Schimpanse erschossen

Durch jahrelange Auftritte im Karneval wurde der Schimpanse Petermann (Foto l.) zum Liebling der Kölner.

Affe Petermann hat Zoo-Direktor Dr. Gunther Nogge (43) angefallen. Das Tier zerfleischte sein Gesicht. (Letzte Seite)

Zoo-Chef Dr. Gunther Nogge (43)

60 25 1 35 30 89 75 78 51 70

Machen Sie mit! Das 15. Spiel läuft

SPORT

1:1 Düsseldorf gegen Schalke

Schlagzeile im Kölner Express nach dem Schimpansenunfall vom 10. Oktober 1985.

Menschenaffen erkennen Menschen, mit denen sie öfter zu tun haben, wieder und ordnen sie in ihre Vorstellungen von Gruppen- und Rangordnung ein. Als Zoodirektor rangiert man dabei weit oben. Man kommt morgens ins Affenhaus und spricht ein paar Worte mit den Tierpflegern. Oftmals stand ich mit einer Besuchergruppe vor der Scheibe, und alles hörte auf meine Worte. Gerade diese Situation hat unseren guten Petermann immer sehr aufgebracht, und er hat versucht, durch Imponiergehabe zu zeigen, wer der wirkliche Herr im Haus ist. Am 10. Oktober 1985 erhielt er unverhofft Gelegenheit, mir meinen vermeintlichen Rang streitig zu machen, als nämlich ein junger Tierpfleger versehentlich die Tür zu seinem Käfig nicht ordnungsgemäß verschlossen hatte. Ich ging gerade fachsimpelnd mit meinem Münsteraner Kollegen Götz Ruempler, der am Abend zuvor einen Vortrag vor den Zoofreunden gehalten hatte, durch den Zoo, als uns plötzlich Petermann und Susi gegenüberstanden. Ich versuchte noch in die Futterküche des Affenhauses zu flüchten, aber Schimpansen sind nicht nur kräftiger als Menschen, sondern auch schneller.

Wahrscheinlich wunderten sich die beiden, dass ich mich nicht nach Schimpansenart mit ihnen auseinandersetzte, sondern sofort hilflos am Boden lag. Sie meinten wahrscheinlich, ich gäbe auf diese Weise meine Unterlegenheit zu. Jedenfalls war für sie die Sache damit erledigt. Sie ließen von mir ab und ließen sich sogar von einem inzwischen herbeigeeilten langjährigen Betreuer, der als Freund, Kumpan, jedenfalls als Gleichrangiger angesehen wurde, an die Hand nehmen und abführen. Leider rissen sie sich aber wieder los, als sie merkten, dass es zurück in ihren Käfig ging. Die Besucher wunderten sich über die (von meinem) Blut verschmierten Tiere, die an ihnen vorbei tobten, waren sich der Gefahr, die von ihnen ausging, aber gar nicht bewusst. Die Tiere waren viel zu erregt, als dass man sie hätte wieder einfangen können, und angesichts der Schwere des Unfalls wollte man auch kein Risiko für die Besucher eingehen, sodass nichts übrig blieb, als die beiden auf der Flucht zu erschießen. Susi war sogar über den Zaun in einen benachbarten Garten geklettert, wo ihr kurz darauf ein Polizist den Fangschuss gab.

Inzwischen hatte Götz Ruempler einen Krankenwagen herbeigerufen, der mich ins Krankenhaus nach Köln-Merheim fuhr, wo meine Wunden in einer siebeneinhalbstündigen Operation verarztet wurden. Über der ganzen Aktion waren sich Götz und meine für die Affen zuständige Kuratorin, Uta Hick, nähergekommen. Kaum war ich aus dem Krankenhaus zurück, standen die beiden Hand in Hand vor meiner Türe, um mir ihre Liebe zu gestehen. Leider hat die durch Petermann gestiftete Ehe nur wenige Jahre gehalten. Ihre Passion waren die nicht menschlichen Affen, *non human primates,* wie der Fachmann sagt. Dass der Kölner Zoo seit den Sechzigerjahren für seine spektakulären Haltungs- und Zuchterfolge bei den Primaten international bekannt war, verdankt er Uta Hick. In Anerkennung ihrer Verdienste um die Primatologie benannte Phillip Hershkovitz vom berühmten Field Museum in Chicago 1985 eine Unterart des Satansaffen nach ihr: Chiropotes satanas utahicki. Ein Jahr später wurde sie auch in Deutschland ausgezeichnet, nämlich mit dem Verdienstkreuz am Bande des Verdienstordens der Bundesrepublik Deutschland.

Petermann aber lebte in der Erinnerung der Kölner weiter. An den Hauswänden fand man noch jahrelang Graffiti wie „Petermann lebt“ oder „Petermann, geh du voran!“. Zwar hatte es wegen der Schwere des Unfalls keinen offenen Protest gegen die Erschießung der beiden Schimpansen gegeben, aber es gab doch Leute, denen das nicht gefallen hatte. Sie gründeten eine Fußballmannschaft, die sich zum Gedenken an Petermann „Stadtgarten Petermann“ nannte. Es erschienen Bücher in Roman- und Komikform, und das Fernsehen brachte schließlich eine Dokumentation über sein Leben, sogar zur besten Sendezeit im Abendprogramm. Der Film ging zum einen dem Phänomen nach, wie ein Tier, ein Schimpanse im Zoo, zur stadtbekannten Tierpersönlichkeit werden kann und Jahre über seinen Tod hinaus noch im Bewusstsein der Bevölkerung verwurzelt bleibt. Zum anderen versuchte er am Beispiel Petermanns aufzuzeigen, wie sich im Laufe von zwei Jahrzehnten die Haltungsbedingungen von Menschenaffen im Zoo entsprechend den zugenommenen Erkenntnissen über ihre Lebensweise in der Natur weiterentwickelt haben, sich dadurch aber auch unsere Einstellung gegenüber unseren nächsten Verwandten im Tierreich verändert hat.

Für den Express war die Auseinandersetzung der Schimpansen mit dem Zoodirektor das wichtigste Ereignis im Kölner Zoo während der letzten 60 Jahre.

Es wäre jedoch falsch, den früheren Tiergärtnern deswegen Vorwürfe zu machen. Erst seitdem die heute weltberühmte Jane Goodall Anfang der Sechzigerjahre als erster Mensch in den Wald ging, um Schimpansen in der Natur zu beobachten, wissen wir, dass sie dort nicht mit Fahrrädchen, Lederhosen und Tirolerhut unterwegs sind und schon gar nicht allein leben, sondern in Familiengruppen. Es ist die Aufgabe und Kunst des Tiergärtners, die im Freiland gewonnenen Erkenntnisse über die natürliche Lebensweise der Tiere im Zoo umzusetzen. Heute werden nirgendwo mehr Schimpansen als Einzeltiere oder vielleicht zu zweit gehalten, sondern in Gruppen wie in der Natur, und sie sollen die Menschen nicht zu deren Gaudi nachäffen, sondern ihre artspezifischen Verhaltensweisen ausleben. Die Besucher sollen sich nicht über sie lustig machen, sondern die Gemeinsamkeiten mit ihnen und die Unterschiede zu ihnen kennen und respektieren lernen.

Mein Freund Charly

Daran allerdings müssen wir noch arbeiten. Im ZDF gibt es seit etwa zehn Jahren eine Serie, deren Held ein Schimpanse im Ringelpullover ist: „Mein

Freund Charly", und die sich hartnäckig hoher Einschaltquoten erfreut. Ich habe aus meiner Kritik an diesem schimpansenentwürdigenden Schauspiel nie einen Hehl gemacht, mich x-mal dazu in den Medien geäußert und auch beim ZDF selber protestiert. Darauf schrieb man mir:

„Erstens stammen Charly und sein Trainer aus den USA und werden eigens für die Fernsehproduktion aus dem Land der unbegrenzten Möglichkeiten eingeflogen", weil Zirkusschimpansen in Deutschland erfreulicherweise ausgestorben sind.

Karikatur von Otto Schwalge zur Kritik an der Fernsehserie „Unser Charly".

„Zweitens ist Charly inzwischen von fünf verschiedenen Schimpansen dargestellt worden." Dem Fernsehzuschauer fällt das natürlich gar nicht auf. Für mich macht es die Sache aber nur noch schlimmer. Das Beispiel Petermann zeigt, dass erwachsene Schimpansen sehr gefährlich werden können. Für Filmaufnahmen nimmt man deshalb nur Jungtiere, die man, sobald sie heranwachsen, einfach austauscht. Keiner weiß, was aus den ausgedienten Filmstars wird. Für ein normales Leben in einer Schimpansengruppe sind sie jedenfalls verdorben.

Drittens heilige der Zweck die Mittel, denn, so wörtlich: „Innerhalb der Serie widmet sich ein dramaturgischer Hauptstrang dem Problem der illegalen Tierimporte." Gegen diese gute Absicht ist ja nichts einzuwenden. Der kritische Fernsehzuschauer und erst recht der Zoodirektor müssen sich allerdings fragen, wieso die deutschen Artenschutzbehörden den Import der Fernsehaffen überhaupt genehmigen.

Viertens heißt es: „Inwieweit die Würde der Tiere durch solche Geschichten verletzt wird, ist eine andere Frage." Ich meine, dies ist sogar die entscheidende Frage. Namhafte Forscher, einschließlich Jane Goodall, setzen sich heute für die Rechte von Menschenaffen ein, fordern sogar Menschenrechte für sie. Man kann darüber streiten, ob man soweit gehen soll. Es reichte meines Erachtens schon, wenn man Schimpansen das Recht gewährte, Schimpansen zu sein. Wer sie als Filmhelden missbraucht, verletzt auf jeden Fall ihre Rechte und ihre Würde. Fernsehanstalten geht es um Einschaltquoten. Alles andere interessiert nicht. So lange „Freund Charly" Millionen von Zuschauern findet, macht man weiter.

Gelegentlich mahnten Tierschützer mich: Wer im Glashaus sitzt, sollte nicht mit Steinen werfen. Sie spielten dabei auf den Erwerb von zwei Berggorillas durch den Kölner Zoo an, von denen es in der Natur heute schätzungsweise noch 720 Exemplare gibt. In den Sechzigerjahren gab es enge Beziehungen zwischen der Stadt Köln und dem gerade unabhängig gewordenen Ruanda. Oberbürgermeister Theo Burauen besuchte das Land 1968, wobei er einen Flugzeugabsturz erlitt, und Zoodirektor Wilhelm Windecker half Ruanda beim Aufbau des Naturschutzes und der Einrichtung von Nationalparks. Um sich zu revanchieren, schenkte das kleine afrikanische Land Köln 1969 zwei Berggorillas für seinen Zoo. Obwohl es das Washingtoner Artenschutzabkommen damals überhaupt noch nicht gab, kritisierten einige Zoodirektoren den Transfer der Tiere heftig. Möglicherweise neideten sie dem Kölner Zoo aber nur die außerordentliche Rarität, denn viele Zoodirektoren waren damals noch „Briefmarkensammler". Jedenfalls war der Kölner Zoo weltweit der einzige Zoo mit Berggorillas. Da sich erst im Nachhinein herausstellte, dass es sich um zwei weibliche Tiere handelte, war an eine Nachzucht, geschweige denn den Aufbau einer Zoopopulation von Berggorillas nicht zu denken. 1978 sind die

Uta Ruempler mit den jungen Flachlandgorillas Kim und Kibi Ende der Siebzigerjahre.

Berggorillas unterscheiden sich von den Flachlandgorillas durch ein sehr viel dichteres und längeres Fell.

beiden Tiere innerhalb eines Monats an einer Infektion gestorben, mit der sie aufgrund einer Immunschwäche nicht fertig wurden – ein Befund, der vor dem erstmaligen Auftreten von AIDS (Acquired Immune Deficiency Syndrome) niemanden weiter beunruhigte.

Als ich die Leitung des Kölner Zoos übernahm, war das Kapitel Berggorillas also eigentlich längst abgeschlossen, und es sprach auch niemand mehr davon. Das änderte sich aber, als die berühmte Gorillaforscherin Dian Fossey 1983 ihr Buch „Gorillas im Nebel" veröffentlichte, in dem sie beschrieb, unter welchen Umständen die Gorillas für den Kölner Zoo von einheimischen Tierfängern gefangen worden waren und wie sie die beiden völlig heruntergekommenen und verängstigten Tiere aufgepäppelt, praktisch vor dem Tode gerettet hatte und sich vergeblich bei den Behörden dafür eingesetzt hatte, die Tiere in ihrer Heimat zu lassen. Alle, die das Buch lasen, waren verständlicherweise empört und schrieben mir böse Briefe. Deren Zahl hielt sich jedoch in Grenzen, denn so viele Menschen lesen Gorillabücher nicht. Das änderte sich 1988, als das Leben der inzwischen ermordeten Gorillaforscherin, ebenfalls unter dem Titel „Gorillas im Nebel", verfilmt wurde. Ich sah den Film zuerst im Original in New York. Da die Geschichte der beiden Kölner Berggorillas darin eine prominente Rolle spielt und der Kölner Zoo an einer Stelle auch namentlich erwähnt wird, ahnte ich, was auf mich zukommen würde. Die Premiere der deutschen Version fand sogar in Köln statt, und ich ging dorthin. Versteinert saß ich in meinem Kinosessel und wartete auf die Reaktion der Zuschauer. Sie fiel jedoch anders aus, als ich erwartet hatte. Bei der Stelle, an der der Kölner Zoo schließlich genannt wurde, brach das Publikum in Gejohle aus. Ich nehme an, die Kölner hielten die ganze Geschichte für erfunden und amüsierten sich nun, dass ausgerechnet ihr Zoo in dem Film vorkam. Die unerwartete Reaktion beruhigte mich allerdings überhaupt nicht. Im Grunde war ich entsetzt über die Ignoranz. Während der nächsten Wochen und Monate kam dann aber doch die erwartete Flut an Protestbriefen, und sie wurden auch alle beantwortet.

Bonobos sind nach wie vor selten in zoologischen Gärten. 1976 erhielt der Kölner Zoo sein erstes Paar: Bonnie und den hier abgebildeten Clyde.

Was man Menschenaffen antut, wenn man sie als Baby ihrer Mutter und ihrer Gruppe entreißt, ist uns jüngst an einem Bonobo noch einmal demonstriert worden. Der Bonobo ist neben dem Schimpansen, dem Gorilla und dem Orang-Utan die vierte Menschenaffenart. Bonobos leben in einem sehr begrenzten und sehr abgelegenen Gebiet im Kongo und auch in sehr begrenzter Anzahl, weswegen sie auch erst in den Zwanzigerjahren des 20. Jahrhunderts entdeckt wurden und in Zoos nach wie vor selten zu sehen sind. Sie werden heute als die allernächsten Verwandten des Menschen betrachtet. Wie ein Bonobo, der nur ein sehr kleines Verbreitungsgebiet im Kongo hat, nach Angola kommt, bleibt rätselhaft. Fest steht, dass dieser von jemandem von dort nach Portugal gebracht wurde. Illegal versteht sich, sodass er bei der Ankunft in Portugal umgehend konfisziert wurde. Was aber macht man damit in einem Land, in dem es sonst keinen einzigen Bonobo gibt? Man steckt ihn in einen Zoo, der Schimpansen hat, denn die sehen zumindest so ähnlich aus wie Bonobos. Bis entschieden war, dass das Tier in das Bonobo-EEP integriert werden durfte und dass es in die Bonobo-Gruppe des Kölner Zoos kommen sollte, war es schätzungsweise acht Jahre alt geworden. Im Juni 2005 traf Ximba, so hieß das Tier, übrigens ein Weibchen, hier ein, war aber offensichtlich von ihrer neuen Heimat wenig begeistert. Auch die Bonobos, die ihr völlig unbekannt waren, interessierten sie nicht. Wahrscheinlich vermisste sie die Schimpansen, mit denen sie in Portugal zusammengelebt hatte. Ersatzweise suchte sie die Nähe zu Menschen und hielt sich deshalb bevorzugt an der Glasscheibe zu den Besuchern auf. Da sie nie in ihrem Leben Gelegenheit gehabt hatte, ihre artspezifischen Verhaltensweisen zu erlernen, konnte sie sich mit ihren Artgenossen nicht richtig verständigen. Umgekehrt wunderten diese sich über Ximbas Verhaltensdefizite, und da sie nichts mit ihr anfangen konnten, ließen sie sie einfach links liegen.

Der Bonobo kommt nur in geringer Zahl und in einer sehr abgelegenen Gegend in Zentralafrika vor und wurde deshalb erst in den Zwanzigerjahren des vergangenen Jahrhunderts entdeckt.

Geparden – Begleiter von Göttern und Prinzen

Vor dem alten Elefantenhaus des Kölner Zoos steht eine Plastik von Fritz Behn: „Diana und der Panther". Diana hieß bei den Römern Artemis, die Göttin der Jagd, Herrin des Tierreiches und Beschützerin der Jungfräulichkeit. Sie war die Zwillingsschwester Apolls, des Gottes der Musik. Die Zwillinge waren das Produkt einer außerehelichen Affäre des Göttervaters Zeus mit der Titanin Leto. Soviel zu Diana. Was aber hat es mit dem Panther auf sich? Panther ist ja eine andere Bezeichnung für den Leoparden. Wer genau hinsieht, stellt aber fest, dass unsere Diana gar nicht von einem Leoparden, sondern einem Geparden begleitet wird, den man früher fälschlicherweise allerdings auch als Jagdleoparden bezeichnete. Schon vor 5000 Jahren setzte man in Mesopotamien Geparden zur Jagd ein. Vom Mongolenherrscher Kublai Khan und Akbar dem Großen, dem dritten Mogulkaiser, wissen wir, dass sie jeweils an die 1000 Geparden hielten. Auch in Europa wurde mit Geparden gejagt – von Wilhelm, dem Eroberer Englands, über die französischen Könige bis zum österreichischen Kaiser Leopold I., der im Wienerwald mit Geparden Rehen nachstellte. Heute ist das alles nicht mehr möglich. In Indien, dem klassischen Land der Gepardenjagd, wurde der letzte Gepard vor 50 Jahren gesehen. Einige Asiatische Geparden haben in Iran überlebt und möglicherweise welche in Afghanistan – zumindest sieht man dort gelegentlich ein Gepardenfell auf dem Bazar zum Kauf angeboten. Was geblieben ist, ist ansonsten die Erinnerung an die Luxusjagd, Fritz Behns Bronzestatue „Diana und der Panther" und ein weitläufiges Gehege für Geparden im Kölner Zoo.

Als Joseph Söller 1984 Prinz Jupp VI. im Kölner Karneval war, schenkte er dem Zoo sechs Geparden aus Namibia. Bevor wir das Geschenk annahmen, mussten wir allerdings erst noch ein neues Gehege bauen. Im vorderen Teil des Zoos gab es damals ein Sammelsurium von Käfigen für Raubtiere der verschiedensten Arten: Tiger, Leoparden, Jaguare, Geparden, Wölfe und Hyänen. An deren Stelle entstand

Diana und der Panther von Fritz Behn, aber mit Gunther Nogge vor dem alten Elefantenhaus des Zoos.

1987 das Gehege für Geparden, weitläufig und abwechslungsreich strukturiert. Die Hochpunkte in der Landschaft, die Geparden gern als Ausguck nutzen, wurden so positioniert, dass die Besucher die Tiere auch dann gut sehen konnten, wenn sie dort ruhten. Um diese Plätze auch während der kalten Jahreszeit für sie attraktiv zu machen, bauten wir dort eine Bodenheizung ein. Die Vielzahl von Arten wurde also zugunsten einer einzigen reduziert, sodass diese ein natürlicheres Leben führen konnte, letztlich aber auch der Zoobesucher mehr davon hatte. Zoos wollen heute keine Tiere – im Sinne von vielen Tieren – zeigen, sondern Tierleben.

Im Zoo Neuwied werden Geparden mit einem etwa 50 km/h schnellen, zum „Fleischlift" umgewandelten Skilift zum Sprinten animiert.

Einer der sechs Geparden, die der Kölner Zoo dem Karnevalsprinzen von 1984, Jupp VI. (Jupp Söller), verdankt.

Die bekannteste Lebensäußerung des Geparden ist der schnelle Lauf, in dem er eine Spitzengeschwindigkeit von 120 km/h erreichen kann. Im Gegensatz zu anderen Katzen ist der Gepard tagaktiv, d.h., er jagt am helllichten Tag seiner Beute nach, um sie im schnellen Lauf zu überwältigen. Im Zoo kann ein Gehege noch so groß sein, der Gepard nutzt es kaum, um seine Laufgeschwindigkeit unter Beweis zu stellen. Hier braucht er seiner Mahlzeit ja nicht hinterherzuhetzen, denn sie wird ihm gebracht. Der Gepard hat also im Zoo gar keinen Grund zu laufen. Schaden könnte es ihm allerdings nicht. Auch wir joggen ja, um uns fit zu halten, jedenfalls manche von uns. Da Geparden aber nichts von freiwilliger Körperertüchtigung halten, muss man ihnen einen Anreiz zum Laufen bieten. Dies hat man zuerst im Zoo von Neuwied getan. An einem Seil wurde eine Portion Fleisch immerhin mit einer Geschwindigkeit von 50 km/h durch das Gehege bewegt. Die fünf Geparden liefen auch hinterher – bis sie merkten, dass der Fleischlift am Ende des Geheges sowieso zum Stehen kam. Folglich stellten sie sich am nächsten Tag dort auf, um einer nach dem anderen seine Fleischration in Empfang zu nehmen. Daraufhin änderte der Zoo die Taktik. Für die fünf Tiere gab es nur noch vier Fleischstücke. Ganz schnell begriffen sie nun, dass einer leer ausgehen musste, und fingen wieder an zu laufen. Fazit: Anders als Menschen gehen Tiere sehr ökonomisch mit ihren Energiereserven um. Ein Gepard läuft nur so schnell, wie er kann, wenn er muss.

In Afrika gibt es zwar noch mehr Geparden als in Asien, aber auch hier befindet sich die Population im Auf und Ab ihrer Entwicklung z. Zt. auf Talfahrt, weswegen auch der Afrikanische Gepard als bedroht eingestuft ist. In den Zoos werden Geparden heute zwar regelmäßig gezüchtet, und mehr als die Hälfte der rund 300 in Europa lebenden Geparden sind auch im Zoo geboren. Aber bei genauerer Betrachtung stellt man fest, dass es nicht nur relativ wenige Zoos sind, die Geparden züchten, sondern dass es auch immer dieselben Tiere sind, die sich fortpflanzen. Inzwischen hat sich herausgestellt, dass es auch in der Natur nicht anders ist. Offensichtlich ist die Population der Geparden einmal durch einen Flaschenhals in ihrer Entwicklung gegangen, d.h., die heutige Population geht auf so wenige Tiere zurück, dass sie alle eng miteinander verwandt sind, im Grunde einen riesigen Geschwisterverband darstellen. Tatsächlich findet man auch in der Natur eine geringe Fertilität, gepaart mit hoher Jungensterblichkeit und Krankheitsanfälligkeit, wie sie sonst nur bei hoch ingezüchteten Haustieren vorkommt. Hinzu kommt, dass ihre Fortpflanzungsbereitschaft erlahmt, wenn man sie ständig zusammenhält. Man muss die Geschlechter also trennen. Wenn man sie dann wieder zusammenbringt, wird ihr Sexualtrieb geweckt. Deshalb tauschten wir 1989 mit dem Zoo Neuwied die Kater. Prompt gab es in Neuwied Nachwuchs, leider aber nicht in Köln. Nach einiger Zeit machten wir den Tausch rückgängig. Der heimgekehrte Neuwieder Kater stürzte sich sofort auf eine der weiteren dort vorhandenen Katzen, sodass in dem Jahr in Neuwied gleich zwei Würfe, insgesamt neun Geparden, das Licht der Welt erblickten und auch aufwuchsen. Unser *proven breeder,* wie man die männlichen Tiere bezeichnet, die bewiesen haben, dass sie es können, interessierte sich dagegen für die Kölner Katzen immer noch nicht. Er war danach aber noch viele Jahre als Sextourist unterwegs und ist in vielen anderen Zoos Vater geworden – nur nicht im Kölner Zoo. Wenn es mit dem Kinderkriegen nicht klappt, liegt's also manchmal auch nicht an den Männern.

Zum Fressen gern

Für Tierrechtler ist die Haltung von Tieren in zoologischen Gärten eine nicht akzeptable Verletzung von Tierrechten. Die heftigsten Diskussionen entfachen sie um die Haltung von Raubtieren im Zoo. Die eine Fraktion meint, es sei ja schon schlimm genug, dass es in der Natur Tiere wie Löwen und Tiger gibt, die davon leben, dass sie andere umbringen, um sie aufzufressen, und sie hat deshalb absolut kein Verständnis dafür, dass die Zoos diese Unart auch noch unterstützen.

Ein Tiger schleicht sich an – ein angeborenes Verhalten, das im Zoo jedoch selten abgerufen wird.

Die andere Fraktion sieht schon darin eine Beugung von Tierrechten, dass die Zoos Löwen und andere Raubtiere an der Ausübung der Jagd auf lebende Beutetiere, also einer ihrer elementarsten Verhaltensweisen, hindern und ihnen stattdessen Fleisch von toten Tieren zum Fraß vorwerfen. Nur aus China ist mir bekannt, dass Zoos zur Fütterung eines Löwenrudels schon einmal eine Ziegenherde durchs Gehege treiben – was hierzulande zumindest in der einschlägigen Boulevardpresse größte Empörung hervorgerufen hat.

Obwohl Raubkatzen im Zoo also mit Fleisch von Schlachttieren gefüttert werden, verlieren sie nicht ihren Jagdinstinkt. Das zeigen sie immer wieder, wenn sie Gelegenheit zur Jagd bekommen. Auf der Stelzvogelwiese neben dem Gepardengehege hatten wir einmal ein Paar Mandschurenkraniche untergebracht, eine der schönsten, zugleich seltensten Kranicharten. Normalerweise scheren sich die Geparden nicht um ihre geflügelten Nachbarn. Das ändert sich jedoch, sobald einer von ihnen sie besucht. Gegenseitige Besuche sind aber nicht nur unerwünscht. Sie sind eigentlich auch gar nicht möglich. Um sie auszuschließen, befindet sich nämlich zwischen der Stelzvogelwiese und dem Gepardengehege ein besonders hoher Zaun. Kranichen, Störchen und Flamingos werden im Zoo traditionell die Flügel gestutzt, sodass sie nicht über den Zaun fliegen können. Da aber das Stutzen der Flügel für die Vögel letztlich doch eine Beeinträchtigung darstellt, die man lieber vermeiden

Löwen haben es gerne ruhig. Auch in der Natur verbringen sie 80 % ihrer Zeit dösend, wenn nicht schlafend.

möchte, kommt man in jüngster Zeit davon ab und bringt auch diese großen Vögel in Volieren unter. Darin können sie zwar auch nicht fliegen, aber sie sind wenigstens noch im Vollbesitz ihrer beiden Flügel. So bauten wir später für die Schneekraniche, die mir besonders am Herzen lagen, extra eine große Voliere. Um aber auf die Mandschurenkraniche zurückzukommen: Als Fußgänger konnten sie den 2,50 m hohen Zaun nicht überwinden. Das gilt übrigens auch für die Geparden. Sie sind zwar Weltmeister im Sprint. Dafür können sie aber nicht klettern und nicht hoch springen. Es ging auch lange gut. Eines besonders windigen Tages schafften die Kraniche es dann aber doch trotz gestutzter Flügel von ihrer Wiese abzuheben, den Zaun zu überwinden und bei den Geparden zu landen. Dort passierte, was passieren musste: Die Kraniche wurden zur teuersten Mahlzeit, die den Geparden jemals geboten wurde. Es versteht sich von selbst, dass seitdem nie wieder Kraniche auf der Stelzvogelwiese untergebracht wurden.

Der Mähnenwolf aus Südamerika wird auch als Fuchs auf Stelzen bezeichnet.

Viele Gehegebegrenzungen dienen eher dem Schutz der Tiere vor Besuchern als umgekehrt. Für jede Antilope, jedes Zebra, jeden Hirsch wäre es ein Leichtes, über den Zaun des Geheges oder den Absperrgraben zum Besucherweg zu gelangen. Die Tiere tun es aber nicht, weil sie ihr Gehege als ihr Territorium betrachten, das sie in Besitz nehmen, als ihr Eigentum markieren, gegen Eindringlinge verteidigen und freiwillig nicht verlassen. Letzteres kommt nur in besonderen Situationen vor. Eine solche gab es eines Tages für den Mähnenwolf, als ich mich mit einer Studentengruppe an seinem Gehege aufhielt. Vor dem Gehegezaun suchte ein Grünfüßiges Teichhuhn unbekümmert nach Nahrung und regte dadurch offensichtlich auch den Appetit des Mähnenwolfes an. Sämtliche tiergärtnerischen Weisheiten über symbolische Gehegebegrenzungen missachtend, nahm er Anlauf und sprang durch den nur noch vom Rost zusammengehaltenen Maschendrahtzaun, um das Teichhuhn zu fassen. Nun aber stand er verdattert mit seiner Beute da und wusste nicht, wie er in sein vertrautes Territorium zurückkommen sollte. Ich versicherte meinen Studenten, dass Mähnenwölfe keine Menschenfresser seien, und bat sie, nicht in Panik auszubrechen. Dann rief ich den zuständigen Tierpfleger herbei, damit er das Tor zum Gehege öffnete, durch das der Mähnenwolf sogleich wie ein Windspiel zurück in sein Gehege schoss. Nie wieder konnte ich so glaubhaft demonstrieren, dass Gehegebegrenzungen im Zoo meist symbolischer Natur sind.

Nur bei gefährlichen Tieren, z.B. Großkatzen, Bären, Menschenaffen oder Elefanten verlässt man sich nicht darauf, dass die Tiere symbolische Gehegebegrenzungen respektieren. Die Absperrgräben sind deshalb so bemessen, dass sie von den Tieren in keinem Fall überwunden werden können. Handelt es sich um Wassergräben, wird das Wasser im Winter abgelassen, damit die Tiere nicht etwa übers Eis den Besucherweg erreichen. Metallzäune müssen regelmäßig auf ihren ordnungsgemäßen Zustand überprüft werden. Wenn doch mal was passiert, sind die Besucher meist selbst schuld. Eines Nachts war ein geistig verwirrter Besucher in den Wassergraben bei den Löwen gesprungen und auf der Seite der Löwen wieder an Land geklettert. Als der Tierpfleger ihn am nächsten Morgen fand, war außer dem Skelett nicht mehr viel von ihm übrig. Am darauffolgenden Wochenende hatten wir einen Besucherrekord. Jeder wollte die menschenfressenden Löwen sehen, und es wurde diskutiert, wie so etwas überhaupt passieren könnte und warum man die Löwen nachts nicht sicherheitshalber einsperre. Das lehnte ich jedoch ab. Schließlich sind Löwen und Tiger nachtaktive Tiere. Meinetwegen könnte man sie tagsüber einsperren. Da das Kölner Raubtierhaus von Besuchern nicht betreten werden kann, würde sie dann allerdings kein Mensch mehr sehen.

Bei all dem, was Besucher im Zoo anstellen, wäre es manchen Mitarbeitern ohnehin am liebsten, Besuchern den Zutritt zum Zoo ganz zu untersagen. Während es sich bei dem erwähnten Löwenliebhaber um einen geistig verwirrten Menschen gehandelt hatte, verirrte sich – nach eigener Aussage – ein anderer einmal rein zufällig ins Tigergehege. Er muss dabei zufällig über die übermannshohe Außenmauer des Zoos gestolpert sein. Als er dann eine Abkürzung wählte, geriet er zu seiner eigenen Überraschung über das rückwärtige, 5 m hohe Gitter ins Tigergehege. Die Tiger waren wohl ebenso überrascht, betrachteten ihn jedoch als willkommene Abwechslung in ihrem sonst eher eintönigen Dasein. Der Tiergärtner nennt seine Versuche, die Langeweile aus dem Zooalltag der Tiere zu vertreiben, Behavioural Enrichment. Unter diesem Stichwort ordneten die Tiger ihren Überraschungsgast ein. Da sie an dem Tag gut gefüttert worden waren, verspürten sie keinen Hunger. Stattdessen spielten sie mit dem Mann wie mit einem der Strohsäcke, die die Tierpfleger im Rahmen des Behavioural Enrichment Programms an diversen Bäumen im Gehege aufgehängt hatten. Wenn nun ein Tiger mit einem spielt, sind Schrammen unvermeidlich. Das er-

Ein sibirischer Tiger auf einem Kontrollgang durch sein Gehege.

schreckte den Mann, und er fing an, um Hilfe zu brüllen. Seine Hilferufe wurden von Nachbarn des Zoos auch vernommen, die daraufhin die Feuerwehr alarmierten. Für solche Notfälle liegt der Feuerwehr eine Telefonliste von nach Dienstschluss erreichbaren Mitarbeitern vor. Wie es der Zufall aber wollte, war an jenem Abend keiner erreichbar – bis auf den längst pensionierten Aquarienleiter, den man vergessen hatte, von der Liste zu streichen, der aber noch im Besitz eines Generalschlüssels war. Man stelle sich einmal die Schlagzeile vor: „Zoo zu! Mann kann nicht aus Tigerfängen gerettet werden." Daraufhin stellten wir stillschweigend einen Nachtwächter an, den wir uns zuvor erspart hatten. Der hat zwar keinen einzigen Einbruch oder Ausbruch im Zoo mitbekommen, geschweige denn verhindert. Aber ich konnte immer sagen: Es ist wenigstens einer da, der die Feuerwehr hereinlassen kann.

Consul Anthony kackt ins Badewasser

Hippopotamus heißt auf Deutsch Flusspferd. Viele nennen das Tier auch Nilpferd, weil es den Europäern zuerst vom Nil in Ägypten bekannt geworden ist. Von dort waren Flusspferde im Jahr 58 v. Chr. erstmals nach Rom gekommen, wo sie seitdem regelmäßig bei Kampfspielen in den Arenen eingesetzt wurden. Das erste Flusspferd in einem Zoo war ein Geschenk des ägyptischen Vizekönigs im Jahr 1850 an den Londoner Zoo. Es folgten weitere Tiere, die sich auch bald vermehrten, sodass sich die Art rasch in den europäischen Zoos verbreitete. Zu Beginn der Neunzigerjahre des 19. Jahrhunderts erwarb auch der Kölner Zoo zwei Flusspferde, die 1888 bzw. 1890 in den zoologischen Gärten von St. Petersburg und Antwerpen geboren worden waren. Zoodirektor Lud-

Flusspferde gehen nachts auf Nahrungssuche und verbringen den Tag in einem Gewässer.

Consul Anthony in seinem naturtrüben Badewasser: Flusspferde markieren ihr Territorium auf artspezifische Weise.

wig Wunderlich ließ im alten Elefantenhaus eigens ein schönes Bassin für die Flusspferde bauen, das aber auch von den Elefanten zum Bade genutzt werden konnte. Zuletzt wurde der Kölner Bestand an Flusspferden 1998 durch zwei Tiere aus dem Schönbrunner Tiergarten aufgefrischt, zwei weibliche Tiere, Jenny und ihre damals einjährige Tochter Afro Aurora. Eine Wiener Flusspferdfreundin hat sie hier noch jahrelang regelmäßig besucht. Um ihre Dankbarkeit für die gute Pflege ihrer Lieblinge zum Ausdruck zu bringen, überreichte sie mir eines Tages die Replikation einer Flusspferdfigur aus Ägypten, wie man sie in großer Zahl als Grabbeigaben während der XI. und XII. Dynastie, also vor rund 4000 Jahren, in Ägypten verwendete. Die alten Ägypter hatten ein ambivalentes Verhältnis zum Flusspferd. Auf der einen Seite verehrten sie in dem Tier mit dem dicken Bauch Thoeris, die Göttin der Fruchtbarkeit und Beschützerin schwangerer Frauen. Auf der anderen Seite verfolgten sie es als unliebsamen Nahrungskonkurrenten. Es fraß ja nicht nur einen guten Teil ihrer Ernte weg, sondern zertrampelte obendrein die Felder und walzte sie platt, wenn es sich in ihnen nach Art der Schweine, mit denen es verwandt ist, suhlte. So überlebten die Flusspferde in Ägypten schließlich nur im Nildelta. Aber auch hier waren ihre Tage zu Beginn des 19. Jahrhunderts endgültig gezählt.

So wie viele andere Tiere, z.B. Elefanten, Eulen oder Pinguine, so haben auch Flusspferde ihren Fanklub. Auf Initiative des Bundespresseamts war 1985 ein „Club der Nilpferdfreunde" gegründet worden, der seine Aufgabe darin sah, das Ansehen der Flusspferde zu mehren und Schaden von ihnen abzuwenden. Noch im selben Jahr veranstaltete der Klub in Bonn ein Symposium zum Thema „Das Nilpferd und seine Stellung in der Gesellschaft". Rita Süssmuth, die damalige Bundesministerin für Jugend, Familie, Frauen und Gesundheit sprach über „Das Nilpferd und die Frauenbewegung", Bundesarbeitsminister Norbert Blüm über „Das Nilpferd im Betriebsverfassungsgesetz" und Otto Schily, damals noch bei den Grünen, über „Die Rotation des Nilpferds". Das machte mir Spaß, und ich wurde Mitglied im Klub, wohl das einzige, das nicht nur über ein Regal voller Flusspferdfiguren, sondern auch lebendige Vertreter dieser Art verfügte. Als man sich dann aber später auf ein Feld begab, von dem man nichts verstand und ein Flusspferd aus einem Zirkus aufkaufen und nach Afrika zurückbringen wollte, bin ich wegen Vergeudens von Ressourcen, die man besser für echte Tierschutz- und Naturschutzprojekte eingesetzt hätte, wieder ausgetreten.

Das Flusspferd erfreut sich also großer Beliebtheit trotz seines von vielen als anstößig empfundenen Benehmens. Es markiert nämlich sein Revier, indem es an den Grenzpfosten seinen recht dünnflüssigen Kot mithilfe seines kurzen Schwanzes wie mit einem Propeller verwirbelt, und zwar sowohl an Land wie im Wasser. Einmal schrieb mir der kleine B. aus K., dass es ihm in unserem Elefantenhaus, wo auch die Flusspferde untergebracht sind, gestunken habe. Wörtlich: „Das dicke Nilpferd lag in seinem eigenen Dreck. Das war wirklich ekelhaft. Auch seine Familie schwamm im total vollgekackten Wasser. Ich musste rausrennen und habe auf die Wiese gekotzt." Da bei uns keine Zuschauerpost unbeantwortet blieb, erhielt auch das Sensibelchen B. aus K. Post von mir. Ich schrieb ihm, dass Nilpferde nur anders riechen als wir und keiner weiß, was sie von unseren Deo-, Seifen- und Aftershavedüften halten, die wir ins Elefantenhaus tragen. Außerdem kackt es nicht das Wasser voll, sondern es gibt seiner Badewanne eine persönliche Duftnote, und zwar jeden Morgen aufs Neue, sobald der Tierpfleger das Wasser frisch eingelassen hat. Wahrscheinlich fühlt sich das Flusspferd, um im Jargon des kleinen B. zu bleiben, geradezu verarscht, wenn der Tierpfleger jeden Morgen die Wanne wieder schrubbt und damit die Duftnote des Tieres beseitigt, sodass es wieder ins Wasser kacken muss.

Die Afrikaner haben für dieses Verhalten übrigens eine andere Erklärung als ich. Dort erzählt man sich die folgende Geschichte: „Als der liebe Gott die Erde schuf, wies er jedem Tier seinen Platz zu. Nun wollte das Flusspferd partout ins Wasser. Der liebe Gott fürchtete jedoch um die Fische in den Gewässern. Da schwor das Flusspferd, niemals einen Fisch anzurühren und sich ausschließlich vegetarisch zu ernähren, und es versprach, seinen Kot fortan stets vor aller Augen auszubreiten. Bis zum heutigen Tag kann sich jedermann davon überzeugen, dass die unverdaulichen Reste einer Flusspferdmahlzeit nicht eine Gräte und kein einziges Fischschüppchen enthalten."

Der vollständige wissenschaftliche Name des Flusspferds lautet Hippopotamus amphibius. Darin kommt zum Ausdruck, dass diese Tiere sowohl im Wasser als auch an Land zu Hause sind. Anders aber als andere Säugetiere, die vom Land zurück ins Wasser gegangen sind und sich in noch stärkerem Maße an das Leben im Wasser angepasst haben, wie z.B. die Robben, die aber zur Geburt ihrer Jungen an Land gehen, bringen die Flusspferde ihre Jungen im Wasser zur Welt. Das machen sie im Zoo nicht anders als in der Natur, d.h., im Zoo ist die vollgekackte Badewanne ihr Wochenbett. Da Flusspferde, auch wenn sie nicht trächtig sind, einen ziemlichen Leibesumfang haben, sieht man ihnen kaum an, wenn sie guter Hoffnung sind, und selbst die Tierpfleger sind von dem freudigen Ereignis, wenn es denn eingetreten ist, meist total überrascht.

So war es auch 1986. Als ich am Abend des 17. September mit dem Närrischen Consulat der Großen Kölner Karnevalsgesellschaft von 1882 vor der Flusspferdbadewanne stand, in dem unsere beiden Flusspferde Änne und Toni lagen, tauchte plötzlich ein drittes, nämlich gerade geborenes auf. Für ihren ersten Atemzug müssen die Kleinen natürlich zur Wasseroberfläche auftauchen. Zwischen den Atemzügen tauchen sie wieder ab. Selbst gesäugt werden sie unter Wasser. Die Närrischen Consuln waren begeistert, die Geburt miterlebt zu haben, und übernahmen spontan die Patenschaft. Das Junge war männlich und erhielt den Namen Anthony. Das Wichtigste für Anthony aber war die Adelung durch die Närrischen Consuln. Einer von ihnen, Dr. Paul Aschenberg, fasste seine Freude so in Reime:

Anthony, der kleine Lümmel
kam direkt vom Nilpferd-Himmel,
aus der Mutter warmer Liebe
in das Wasser kalt und trübe.
Paddeln muss er wie ein Schuft,
um zu schnappen etwas Luft.
Aufgetaucht, hat er die Wahl:
runter oder Karneval,
denn am Becken standen Paten,
die die Eltern nicht erbaten,
weil kein Nilpferd Ahnung hat
von dem Närr'schen Consulat.

In einem Hippo-Aquarium kann der Zoobesucher beobachten, was Flusspferde unter Wasser treiben.

Viele Jahre lang haben die Consuln ihren Consul Anthony, da er an ihren Treffen nicht teilnehmen konnte, im alten Elefantenhaus des Zoos besucht.

1988 besuchte ich nach der Teilnahme an der 5th World Conference on Breeding of Endangered Species in Captivity in Cincinnati, Ohio, wo ich den European Endangered Species Mangement Plan vorgestellt hatte, den Zoo von Toledo. Damals gab es noch „Wanderpandas“, wie ich sie nannte. China verlieh in den Achtzigerjahren Große Pandas auf befristete Zeit und gegen eine hohe Leihgebühr. In Toledo gastierten zu diesem Zeitpunkt Wanderpandas. Zwar hat auch im Kölner Zoo schon einmal ein Großer Panda ein Gastspiel gegeben. Aber das ist lange her. 1939 tourte der erste Panda, der je nach Europa kam, sechs Monate durch die Zoos von Berlin, Leipzig, Hannover, Köln und München, bevor er über Paris in die USA ging. Heute ist das Panda-Verleihgeschäft als Rückfall ins Zeitalter der Wandermenagerien zu werten und es verträgt sich meines Erachtens absolut nicht mit dem modernen Selbstverständnis zoologischer Gärten. Ich fuhr auch nicht wegen der Pandas nach Toledo, sondern wegen der Flusspferde. Im Zoo von Toledo gab es nämlich das erste Hippo-Aquarium der Welt, d.h., man konnte die Tiere dort durch eine Glasscheibe unter Wasser beobachten. Man konnte also sehen, ob sie schwimmen oder über den Grund laufen, wie sie Augen und Nasenlöcher schließen, um sie vor eindringendem Wasser zu schützen, und man konnte gleich im ersten Jahr nach der Eröffnung eine Flusspferdgeburt beobachten. Die Besucher waren begeistert. Während sie die langweiligen Pandas kaum eines Blickes würdigten, hielten sie sich 15, 20 Minuten und länger am Hippo-Aquarium auf und beobachteten die Flusspferde. Auch ich war begeistert und träumte seitdem von einem Hippo-Aquarium im Kölner Zoo. Ich habe die Erfüllung dieses Traumes während meiner Dienstzeit nicht mehr erlebt, aber ich konnte sie noch einfädeln. Nach 50 Jahren war unser alter Masterplan abgearbeitet. Deshalb hatten wir einen neuen entworfen, eine Vision für die nächsten Jahrzehnte, die auf der während der letzten 25 Jahre entwickelten Zoophilosophie basiert. Meine Nachfolger warfen den Plan zwar, sobald ich weg war, über den Haufen. Aber ein Projekt des neuen Masterplans war schon so weit gediehen, dass es nicht mehr zu stoppen war: mein Traum von 1988, das Hippo-Aquarium. In der Domstadt Köln wird es Hippodom heißen, und es soll zum 150-jährigen Jubiläum des Kölner Zoos im Jahr 2010 eröffnet werden.

Tanga – der malende Elefant

Die Fähigkeit, sich durch Kunst auszudrücken, wurde lange Zeit als eine Eigenschaft betrachtet, durch die sich der Mensch von den Tieren unterscheidet. Wie so viele Unterscheidungsgrenzen zwischen Mensch und Tier ist aber auch diese längst gefallen. Menschenaffen, unsere nächsten Verwandten im Tierreich, können malen, gibt man ihnen hierzu Gelegenheit. Desmond Morris hat sich als Erster und schon Ende der Fünfzigerjahre mit der Biologie der Kunst im Tierreich beschäftigt. Inzwischen existiert ein umfangreiches Schrifttum, in dem versucht wird, die Malereien von Menschenaffen zu interpretieren. Farbkompositionen und Linienführungen lassen einerseits Rückschlüsse auf ihr ästhetisches Empfinden zu. Andererseits gewähren Affenmalereien einen Einblick in die biologischen Grundlagen menschlicher Kunst und ihre Evolution. Der Mensch hat es in der Kunst zwar weiter gebracht, letztlich sind die Unterschiede zum Tier wie auf vielen anderen Gebieten aber nur graduelle.

Erstaunlich ist aber, dass offenbar nicht nur Menschen und Affen malen können, sondern auch Elefanten. Dies bewies 1997 Tanga, eine der Afrikanischen Elefantinnen des Kölner Zoos. Ihre Fähigkeit mit Rüssel und Farbpinsel umzugehen und die Ergebnisse ihrer Bemühungen fanden beim Zoopublikum sowie den Medien größte Beachtung. Es bleibt sicher jedem überlassen, in die Elefantenbilder hineinzuinterpretieren, was er will. Eines steht jedenfalls fest: Wie die Tiere selber üben auch ihre Bilder eine besondere Faszination auf den Menschen aus.

1997 war der Bau eines neuen Elefantenhauses bereits beschlossene Sache. Zwar gab es noch keine konkreten Pläne, und wir hatten ja auch gerade erst mit dem Bau des REGENWALDs begonnen. Aber wir sammelten bereits Gelder für den ELEFANTENPARK. Tanga stellte ihre Bilder deshalb auch gern für eine Auktion zugunsten des neuen Projektes zur Verfügung. Als Auktionatorin gewannen wir die von Talkshows wie „B.trifft“ und „Kölner Treff“ bekannte Fernsehmoderatorin Bettina Böttinger, die sich als Elefantenliebhaberin geoutet hatte. Mit ihrer Hilfe erzielten wir fast 20.000 DM für die Elefantenbilder.

Tierpfleger Brian Batstone assistiert Tanga, dem malenden Elefanten, während einer Kunstsession.

1997 fand im Studio Dumont eine ungewöhnliche Kunstauktion mit Bettina Böttinger statt. Der Erlös bildete den Grundstock zur Finanzierung des ELEFANTENPARKs.

DER ELEFANTENPARK – DAS GRÖSSTE BAUPROJEKT DES KÖLNER ZOOS

Ein 140 Jahre währendes Provisorium

Als dem Kölner Zoo 1865, fünf Jahre nach seiner Eröffnung, ein Elefant angeboten wurde, konnte Zoodirektor Heinrich Bodinus der Versuchung nicht widerstehen. In der Chronik des Zoos heißt es dazu: „Noch hat er eine enge Wohnung" – der Elefant. Und kein Mensch weiß heute noch, wo diese gelegen hat. Aber „er soll bald besser logiert werden". Bis es so weit war, gingen allerdings fast zehn Jahre ins Land. Erst 1874 entstand an der Nordseite des bereits 1863 im maurischen Stil errichteten Giraffen- und Antilopenhauses ein Anbau zur Aufnahme von Elefanten. Am Eingang wurde ein mächtiger Elefantenkopf aus Gips angebracht – und fertig war das Elefantenhaus.

Giraffen- und Antilopenhaus von 1863 im maurischen Stil, das spätere Elefantenhaus.

Im Grunde war es also ein Provisorium, das sich aber, wie es Provisorien so an sich haben, als sehr dauerhaft erwies. Es sei nur am Rande vermerkt, dass der Elefant von 1865 sein neues Logis gar nicht mehr erlebt hat. Aber 1872 hatte man schon zwei neue Elefanten erworben. Und so ging es über die nächsten 130 Jahre weiter. Elefanten kamen und gingen, und alle wurden in dem Provisorium untergebracht.

Elefantenaußengehege zu Beginn des 20. Jahrhunderts.

Im Zweiten Weltkrieg wurde der Kölner Zoo wie die gesamte Stadt völlig zerstört. Am Ende des Krieges zählte man auf dem Zoogelände, das damals nur halb so groß war wie heute, 130 Bombenkrater. Das einzige Gebäude, das noch stand, war das Elefantenhaus, und schon 1952 zog hier wieder ein Elefant namens Rani ein. In Asien gilt der Elefant bekanntlich als Glücksbringer. In Köln war Rani Vorbote und Hoffnungsträger für den Wiederaufstieg des Zoos aus den Trümmern. Nie zuvor in seiner Geschichte und niemals danach hatte der Zoo einen solchen Rückhalt in der Stadt wie in der Nachkriegszeit. 1954 beschloss der Rat der Stadt die Zooerweiterung auf seine heutige Fläche von 20 ha. Die treibende Kraft war Oberbürgermeister Theo Burauen, der den Stellenwert des Zoos als grüne Oase in der Großstadt und als Notausgang zur Natur erkannt hatte. Von 1956 bis 1980

Innenraum des alten Elefantenhauses nach dem Umbau 1982.

übernahm er persönlich den Vorsitz im Aufsichtsrat der Zoo AG und sorgte dafür, dass Jahr für Jahr ein Bauprojekt nach dem anderen realisiert und von der Stadt als Trägerin des Zoos finanziert wurde.

Damit alles auch Hand und Fuß hatte, wurde ein „Idealplan für die Neugestaltung und Erweiterung des Kölner Zoos" entworfen. Dieser sah endlich den Abriss des Provisoriums für Elefanten und den Neubau eines modernen tiergärtnerischen Erkenntnissen entsprechenden Hauses vor. Also, schon 1957 hatte man eingesehen, dass die Tiere in dem alten Gemäuer unzulänglich, vor allem auf viel zu engem Raum untergebracht waren. Die bizarre Kulisse des maurischen Gebäudes empfand man außerdem als kitschig und als unnötigen Ballast. Tierhäuser haben die biologischen Bedürfnisse der gehaltenen Tiere zu befriedigen, selbst aber gegenüber den gehaltenen Tieren möglichst wenig in Erscheinung zu treten und schon gar nicht von ihnen abzulenken. 25 Jahre später kümmerte man sich nicht mehr um diese Erkenntnisse und stellte das alte Gemäuer unter Denkmalschutz. Wenigstens wurde der Zoo nicht dazu verpflichtet, auf alle Zeiten Elefanten darin zu halten. Aber es verging noch ein weiteres Vierteljahrhundert bis zur Eröffnung eines neuen Elefantenhauses.

Oberbürgermeister Theo Burauen war nicht nur ein großer Zoofan, sondern ein ebenso großer Elefantenfan.

Im festen Glauben an den Neubau wurden auch schon weitere Elefanten angeschafft. Auch dafür setzte sich Theo Burauen höchstpersönlich ein, denn er war nicht nur ein ausgesprochener Zoofan, sondern auch ein Elefantenfan. Ein Teil seiner umfangreichen Elefanten(figuren)sammlung ist heute im neuen Elefantenhaus ausgestellt. Bis zu fünf Elefanten gleichzeitig lebten nach dem Krieg im alten Elefantenhaus. Um keinen falschen Eindruck zu erwecken, sei an dieser Stelle ausdrücklich erklärt, dass diese Art der Elefantenhaltung keineswegs Tierquälerei war. Den Elefanten ging es ohne Zweifel gut. Solange es Elefanten in den zoologischen Gärten Europas gab, wurden sie wie Arbeitselefanten in den asiatischen Ursprungsländern gehalten. Die Elefanten standen im Appell, d.h., sie waren gezähmt und wurden trainiert. Die Elefantenpfleger in Europa benutzten sogar dieselben Kommandos wie ihre asiatischen Kollegen. Und für diese Art der Elefantenhaltung war das Elefantenhaus von 1863 allemal gut.

Ein Zoo ohne Elefanten?

Als Rani 1991 starb, wurde von vielen die Frage nach einem Ersatz gestellt. Meine Bemerkung, Rani werde nicht ersetzt, unser Elefantenhaus sei ein Auslaufmodell der Elefantenhaltung, löste eine heftige Diskussion in der Öffentlichkeit aus. „Nun will der Nogge auch noch die Elefanten abschaffen", hieß es. Unter der Überschrift „Zoo ohne Elefanten?" machte ich in der Wochenendausgabe des „Kölner Stadt-Anzeigers" vom 21./22. September 1991 meinen Standpunkt klar. Natürlich bestehe kein Grund, sich von den jetzt hier noch lebenden Elefanten zu trennen, schrieb ich. Man könne sich aber doch wohl vorstellen, dass sich die Ansichten darüber, wie man Elefanten im Zoo hält, während der letzten 131 Jahre verändert hätten. Deshalb hielte ich es nicht für richtig, wieder neue anzuschaffen. Wenn die Kölner also auf Dauer Elefanten in ihrem Zoo haben wollten, müssten sie ihnen endlich den nötigen Platz zur Verfügung stellen – und natürlich das nötige Geld zum Bau einer zeit- und artgerechten Elefantenanlage aufbringen. Heinz Lüttgen, der von 1980 bis 1999 den Vorsitz im Aufsichtsrat führte, gehörte zu denjenigen, die sich den Kölner Zoo ohne Elefanten nicht vorstellen konnten. Um den gesamten Aufsichtsrat zu überzeugen, unternahm man sogar einen Ausflug zum Rotterdamer Zoo, wo gerade das modernste und schönste Elefantenhaus Europas, „Taman Indah", eröffnet worden war. Danach stand fest: Im Kölner Zoo wird es auch in Zukunft Elefanten geben.

Elefanten sind nicht nur die größten an Land lebenden Säugetiere. Elefanten sind auch Herdentiere. Wenn man etwas Neues für Elefanten baut, sollte also genügend Platz für eine ganze Herde von Elefanten vorhanden sein. Abgesehen davon, dass unser altes Elefantenhaus unter Denkmalschutz steht und deshalb gar nicht abgerissen werden darf, hätte der Platz dort nie gereicht. Außerdem lehrt die Erfahrung, dass man lieber etwas völlig Neues baut, als dass man eine veraltete Anlage zu erweitern und zu modernisieren versucht. Verbesserungen an vorhandenen Anlagen kosten meist mehr als ein Neubau und bleiben im Endeffekt doch nur Murks. Die einzige Chance für unser Elefantenprojekt war das Erweiterungsgelände, das der Zoo nach dem Krieg dazugewonnen hatte. 1960, zum 100-jährigen Jubiläum des Zoos, war es der Öffentlichkeit zugänglich gemacht worden. Landschaftlich war es mit einem großen Weiher im Zentrum und einem am Ufer gelegenen, aus Trümmerschutt aufgeschobenem Berg sehr ansprechend gestaltet. Nur hatte das Geld für eine ordentliche tiergärtnerische Erschließung nicht mehr gereicht. So stellte man relativ anspruchslose Tiere an die Ufer des Sees, wie Schottische Hochlandrinder, Lamas und Dromedare, und dabei

Darstellung der Entwicklung der Rüsseltiere im neuen Elefantenhaus.

Fest im Griff: Tierpfleger Bernd Frede beim traditionellen Training (hands on) der Elefanten und Loxodonten.

blieb es dann für die nächsten 40 Jahre. Das Beste waren noch die Bantengs, die zweifellos schönsten, weil buntesten Rindviecher der Welt, für die es sogar eine beheizbare Unterkunft für den Winter gab. Als wir uns nun entschlossen, 20.000 m² dieses Geländes, 10 % der Gesamtfläche des Kölner Zoos, den Elefanten zu widmen, hatten sich die Kölner so an den Anblick der Hochlandrinder gewöhnt, dass es ein großes Geschrei gab, als es auf einmal hieß, sie, die Rindviecher, müssten den Zoo verlassen. Obwohl der Name des großen Schottenbullen, Mc Donald, eine andere finale Bestimmung nahelegte, achteten wir darauf, dass alle Tiere lebend in andere Tierhaltungen kamen, wo sie eines natürlichen Todes sterben durften. Lediglich der letzte Überlebende eines Wolfrudels war schwer vermittelbar. Er bekam deshalb sein Gnadenbrot hinter den Kulissen, in der Nähe der Geparden, von wo sein Heulen, stimuliert durch das Geläut der Riehler Pfarrkirche St. Engelbert, noch etliche Jahre lang zu hören war.

Elefanten oder Loxodonten?

Nachdem die Platzfrage geklärt war, mussten wir uns entscheiden, ob wir in Zukunft Afrikanische oder Asiatische Elefanten halten wollten. Bei den beiden Arten handelt es sich ja um die letzten Vertreter einer einstmals weitverbreiteten und zahlenmäßig sehr großen Verwandtschaft von Rüsseltieren, die im Laufe der Evolution entstanden und wieder verschwunden sind. Sie stehen am Ende zweier verschiedener Entwicklungsreihen und sind deshalb gar nicht so eng miteinander verwandt, wie es auf den ersten Blick scheint. Tatsächlich handelt es sich nicht nur um zwei verschiedene Arten. Sie gehören sogar verschiedenen Gattungen an. Die eine heißt Elephas maximus, die andere Loxodonta africana. Eigentlich müsste man also den Afrikanischen Elefanten als Loxodonten bezeichnen. Im normalen Sprachgebrauch hat sich diese Bezeichnung allerdings nicht durchgesetzt.

Marlar, an ihrem ersten Lebenstage: 141 Jahre nach Beginn der Elefantenhaltung wurde am 31. März 2006 erstmals ein Elefant im Kölner Zoo geboren.

Mehrere Mammutarten waren noch Zeitgenossen des Menschen – was ihnen offenbar zum Verhängnis wurde. Jedenfalls gibt es Wissenschaftler, die davon überzeugt sind, dass die Mammuts von den Menschen ausgerottet wurden. Dieses Schicksal scheint den letzten beiden verbliebenen Arten der Rüsseltiere wohl auch nicht erspart zu bleiben. Sie stehen sogar bereits unmittelbar vor ihrem Ende. Der Bestand des Afrikanischen Elefanten wurde während der letzten beiden Jahrzehnte drastisch dezimiert: von 1,4 Millionen auf 400.000 Tiere. Immerhin gibt es aber noch zehnmal so viele Afrikanische Elefanten wie Asiatische. In Asien leben vielleicht gerade noch 40.000 Elefanten, und zwar im gesamten Verbreitungsgebiet von Vorder- über Hinterindien bis Indonesien und Südchina. Das sind so wenige, dass schon niemand mehr davon spricht. Das wollten wir ändern, und deshalb entschieden wir uns für Asiatische Elefanten.

Der Elefant wird in Asien zwar schon seit Jahrtausenden als Trag- und Reittier genutzt, aber er ist darüber kein Haustier im Sinne der Definition geworden. Bei der Domestikation von Tieren nimmt der Mensch ja durch Auslese und Zucht auf bestimmte Merkmale hin Einfluss auf die Evolution. Das ist beim Elefanten nicht passiert, denn er wurde nie systematisch gezüchtet. Man wollte gar keinen Nachwuchs. Eine Elefantenkuh ist 23 Monate trächtig. Dann säugt sie rund zwei Jahre ihr Junges. In dieser Zeit ist sie zu nichts Rechtem zu gebrauchen. Elefantenzucht wurde als unökonomisch angesehen, deshalb vermied man sie. Ein Elefant wird im Durchschnitt 40 Jahre alt; und wenn früher einer starb, holte man sich einen neuen aus dem Wald und zähmte ihn. Das ist heute nicht mehr möglich, weil es eben kaum noch wild lebende Elefanten gibt. In Thailand z.B., einem der großen Elefantenländer, gab es vor 100 Jahren noch 200.000 wilde Elefanten. Heute sind es weniger als 2000. Demgegenüber stehen allerdings 4000, also doppelt so viele, in menschlicher Obhut. Und so ist es im gesamten Verbreitungsgebiet. Von den erwähnten 40.000 Elefanten leben heute schon 30 % in menschlicher Obhut – mit steigender Tendenz. Angesichts des nach wie vor ungebremsten Bevölkerungswachstums in den Elefantenländern und des dadurch bedingten Drucks auf die natürlichen Lebensräume wird es schon bald eng werden für wild lebende Elefanten. Allein in Indien hat sich die Bevölkerung innerhalb der letzten 30 Jahre, also dem Zeitraum einer einzigen Generation, von 500 Millionen auf eine Milliarde Menschen verdoppelt – und sie wächst weiter! Wenn es in weiteren 30, 60 oder 90 Jahren noch Elefanten in Asien gibt, dann wohl nur noch in menschlicher Obhut. In den Ursprungsländern des Asiatischen Elefanten ist man sich dieser Perspektive durchaus bewusst. In keinem dieser Länder werden heute noch Elefanten gefangen, um sie zu zähmen und abzurichten. Stattdessen gibt es überall Elefantencamps, in denen Elefanten auch gezielt gezüchtet werden.

Und so machen es auch die Zoos. Was für Gorillas, Sibirische Tiger und Przewalskipferde gilt, muss auch für Elefanten gelten. Die Zoos müssen die Tiere, die sie den Menschen zeigen wollen, selber züchten. Deshalb haben wir 1985 die EEPs begründet. Tierarten, bei denen es nicht gelungen ist, sich durch Zucht selbst erhaltende Populationen aufzubauen, sind aus den Tierbeständen verschwunden oder werden bald verschwunden sein. Damit das nicht den Elefanten passiert, wurden 1992 auch EEPs für Elefanten, sowohl die Afrikanischen als auch die Asiatischen, eingerichtet. Zunächst ging es darum, allen noch reproduktionsfähigen Tieren überhaupt eine Chance zu geben, d.h. sie zu Zuchtgruppen zusammenzuführen. In der Folge ist die Zahl der Geburten bei Asiatischen Elefanten kontinuierlich angestiegen und liegt jetzt bei zehn bis 15 pro Jahr. Während Elefantengeburten also früher eher die Ausnahme waren, sind sie heute an der Tagesordnung. Über 40 % der in Europa gehaltenen Elefanten sind mittlerweile auch hier geboren. Ich zweifele nicht daran, dass auch für Elefanten das Ziel einer sich selbst erhaltenden Population erreicht wird. Bert de Boer, einer der geistigen Väter der koordinierten Zuchtprogramme und der derzeitige Vorsitzende des Europäischen Zooverbandes, sagt dazu:

Bindu, der mächtige Elefantenbulle, stäubt sich ein.

„Dies ist der Sieg derjenigen, die standhaft daran geglaubt haben, dass gemeinschaftliches Populationsmanagement der einzig gangbare Weg in die Zukunft der Zoos ist."

In der Natur leben Elefanten in matriarchalisch organisierten Verbänden, d.h., eine Elefantenherde besteht aus weiblichen Tieren und deren Nachwuchs. Während die weiblichen Tiere zeitlebens in der Herde bleiben, in die sie hineingeboren werden, verlassen die männlichen sie, sobald sie herangewachsen sind. Sie laufen dann allein durch die Gegend oder tun sich zu Junggesellenverbänden zusammen und schließen sich nur dann und meist nur vorübergehend einer Herde von Elefantenkühen an, wenn diese es wünschen. Diese Art von Gruppendynamik muss man Elefanten auch im Zoo ermöglichen.

Hände weg vom Elefanten!

Grundsätzlich gibt es zwei Methoden der Haltung von Elefanten im Zoo. Die eine ist die traditionelle. Der Elefant ist gezähmt und gehorcht seinem Betreuer, so wie es auch in Vorder- und Hinterindien üblich ist. Dabei gibt es einen direkten Kontakt zwischen Elefanten und Pflegern, weshalb man auch von *hands-on* spricht. Das Gegenteil ist *hands-off*, also Hände weg vom Elefanten. Kein Tierpfleger im Zoo geht in ein Löwenrudel oder eine Gorillagruppe, weil es viel zu gefährlich wäre. Der Tierpfleger muss auch nicht in eine Elefantenherde – wenn man hierfür die entsprechenden baulichen Voraussetzungen schafft. Beide Methoden haben ihre Vor- und Nachteile, wobei man die Vorteile beider Methoden in einer dritten, *protected contact,* sehr elegant zusammenführen kann. Hierbei wird die Herde als Ganzes gemanagt wie im Hands-off-Betrieb. Trotzdem kann man zum einzelnen Tier, geschützt durch ein Gitter, Kontakt aufnehmen, um z.B. Pflegemaßnahmen direkt am Tier vornehmen zu können.

Als wir uns mit diesen Fragen während der Planungsphase auseinandersetzten, gab es nur ganz wenige Zoos in Europa, in Deutschland noch gar keinen, der Elefanten hands-off hielt. Und obwohl wir uns die Erfahrungen mit dem Herdenmanagement in den einschlägigen Zoos genau ansahen und den besten Kenner des Asiatischen Elefanten auf deutschem Boden, Professor Dr. Fred Kurt, zurate zogen, konnten wir uns schwer zu einer der beiden Methode durchringen, und wir planten den ELEFANTENPARK schließlich so, dass er für beide geeignet wäre.

Die Entscheidung wurde uns dann später dadurch abgenommen, dass unsere ersten vier Elefanten für den ELEFANTENPARK aus Emmen kamen. Emmen ist eine kleine Stadt in Holland mit einem großartigen Zoo und einer großen Elefantenherde. Mitte der Achtzigerjahre konnte der Emmener Zoo eine kleine, junge und gebärfreudige Elefantengruppe aus Myanmar, das damals noch Burma hieß, importieren. Die Tiere vermehrten sich auch bald sehr erfolgreich, und als die Herde eine Größe von ca. 20 Tieren erreicht hatte, spaltete sich – wie in der Natur – eine Gruppe ab. Sie kam nach Köln, um hier ein neues Leben zu beginnen. Die Elefanten in Emmen werden hands-off gehalten. Damit hatten die Elefanten uns die Beantwortung der oben gestellten Frage abgenommen.

Besonders für diejenigen Kölner Elefantenpfleger, die ihr Leben lang einen direkten Kontakt zu Elefanten hatten, war die Umstellung anfangs nicht einfach. Aber je länger sie die neue Methode praktizierten, desto mehr standen sie dahinter. So wie sich die Haltung anderer Tierarten, z.B. der Menschenaffen, im Laufe der letzten 50 Jahre diametral verändert hat und die heutigen Haltungsbedingungen als völlig normal und selbstverständlich betrachtet werden, so ändert sich z. Zt. die Elefantenhaltung. Für mich besteht kein Zweifel daran, dass sich das Herdenmanagement langfristig durchsetzen wird. Wie schon gesagt, hat auch die traditionelle Hands-on-Methode ihren Reiz und ihre Berechtigung. Die Zoos werden sie nur auf Dauer nicht durchhalten können, und zwar aus einem einfachen Grund. In der Vergangenheit war es die Regel, dass gezähmte Elefanten aus den Ursprungsländern importiert wurden, und die Pfleger im Zoo setzten genau die Kommandos ein, die die Tiere aus ihrer Heimat schon kannten. Nun wird in Europa – erfreulicherweise – jedes Jahr ein Dutzend Elefanten geboren. Die Zähmung von Elefanten aber ist ein schwieriger Prozess, den hierzulande kaum jemand richtig beherrscht. Nicht richtig gezähmte Elefanten stellen jedoch eine Gefahr für die Menschen dar, die mit ihnen zu tun haben. Unfälle sind daher programmiert. Schon allein aus Sicherheitsgründen ist deshalb hands-off bzw. protected contact die Methode der Zukunft.

Unsere Vorstellungen vom neuen Kölner ELEFANTENPARK legten wir schließlich in einem Raumprogramm nieder, das den Architekten für ihre Planung an die Hand gegeben werden sollte. Um den bestmöglichen Plan zu bekommen, wurde das Projekt sogar als europaweiter Architektenwettbewerb ausgeschrieben. Während jeder Zoo ein Lied von den Verständnisschwierigkeiten zwischen Tiergärtnern und Architekten singen kann, sehen Architekten darin überhaupt kein Problem. Wenn ein Bau im Zoo mal daneben geht, kann es nur am vorgegebenen Raumprogramm liegen. Zur Teilnahme an unserem Wettbewerb meldeten sich nicht weniger als 1500 Architekten, die zumindest wussten, welcher Körperanhang beim Elefanten der Rüssel und welcher der Schwanz ist. Da es unmöglich ist, 1500 Architektenentwürfe anzusehen, geschweige denn zu bewerten, wurden 1460 Architekten von vornherein ausgeschlossen, und zwar per Los. Um wenigstens die dabei zu haben, von denen man weiß, dass sie schon einmal etwas für einen Zoo geplant haben, darf man selber einige Namen auf die Teilnehmerliste setzen.

Das hilft allerdings auch nicht viel, denn in der Jury haben die sogenannten Fachgutachter, was nur Architekten sein können, die absolute Majorität. Ein Entwurf, den der Tiergärtner favorisiert, weil das Bauwerk so in die Landschaft integriert ist, dass man es kaum wahrnimmt, kommt für Architekten-Juroren gar nicht erst in Betracht. Was sollen sie denn daran bewerten? Das ist doch keine Architektur! Unsere Jury war dagegen entzückt von einem dem römischen Kolosseum ähnlichen Klotz, weil der ihrer Meinung nach so schön mit der Masse der zukünftigen Bewohner des Bauwerks korrespondiert und einen würdigen Kontrapunkt zum gotischen Dom setzt, was man allerdings nur bemerken würde, wenn man den Konrad-Adenauer-Flughafen von Westen her anflöge und rechts einen Fensterplatz hätte. Erst als die Sachgutachter, also die Elefantenleute, drohten, die Jury zu verlassen, lenkte man ein, und wir einigten uns schließlich auf einen dritten Entwurf – rein zufällig der eines Kölner Architekturbüros (Oxen + Römer), der dann auch realisiert wurde. Dieser zeichnete sich dadurch aus, dass sich das riesige Elefantenhaus harmonisch in die vorhandene Landschaft einpasst, und trotzdem von innen wie von außen ein architektonisches Kleinod darstellt.

Tierpfleger Brian Batstone, geschützt durch ein Gitter, nimmt Kontakt zum Elefantenbullen auf (protected contact).

Ganesha, sei mit uns!

Mein Lieblingsgott im hinduistischen Pantheon ist der elefantenköpfige Ganesha. Er gilt als schriftgelehrt und deshalb weise, vor allem aber als Glücksbringer. Man ruft ihn vor jeder neuen Unternehmung an, vor einer Reise, dem Schreiben eines Buches oder dem Bau eines Hauses. Im Jahr 2002, als wir mit dem Bau des ELEFANTENPARKs begannen, schenkte mir Ram Pratap Thapa, der Honorarkonsul des Königreichs Nepal in Köln, einen Ganesha, der später am Eingang des neuen Hauses seinen dauerhaften Platz fand. Möglicherweise hat er auch uns Glück gebracht, und wir haben es ihm zu verdanken, dass das Werk gelungen ist. Nicht selten legen Gläubige heute dort ihre Opfergaben ab.

Der ELEFANTENPARK war das größte Bauprojekt in der Geschichte des Kölner Zoos. Zwar hat der Zoo eine tüchtige Handwerkerschar, die auch kleinere Baumaßnahmen ausführen kann. Der Bau des ELEFANTENPARKs aber war eine Nummer zu groß für sie. Deshalb wurde er als Auftrag vergeben, und zwar auf Ratschlag des städtischen Hochbauamtes an einen Generalunternehmer. Auch den findet man gerechterweise über eine Ausschreibung, europaweit versteht sich. Das günstigste Angebot gab ein Häusle-Bauer aus dem Schwabenland ab. Durchführen lassen hat er den Auftrag dann von einer Filiale, die er – wegen der niedrigen Ostlöhne – in Sachsen betrieb. Der Vorteil für den Bauherrn liegt darin, dass er sich nicht mit zig verschiedenen Firmen, nämlich einer für jedes einzelne Gewerk, herumschlagen muss, sondern nur mit einer, dem Generalunternehmer. Um sich auch den Ärger mit dem zu ersparen, nimmt man sich noch einen Projektsteuerer, und alles läuft von allein.

Bausumme und Termin zur schlüsselfertigen Übergabe des Bauwerks werden vertraglich festgelegt. Sollte es doch teurer werden oder länger dauern, dann kann es nur am Bauherrn liegen. Plötzlich fällt dem ein, dass er vielleicht einmal abends ins Elefan-

Der elefantenköpfige Ganesha war ein Geschenk Nepals zum 60. Geburtstag des Zoodirektors.

tenhaus will und dann gerne eine Möglichkeit hätte, Licht zu machen. Natürlich ist das kein Problem, nur leider ist das weder im Raumprogramm noch im Plan, geschweige denn in den Kosten vorgesehen. Ein solcher Nachtrag kostet Zeit und Geld: Planung, Ausschreibung, Durchführung. Eines greift ins andere. Die Vorstellung, abends mit einer Taschenlampe ausgerüstet durch das dunkle Elefantenhaus zur Beleuchtungssteuerungszentrale tappen zu müssen, lässt den Bauherrn zähneknirschend zustimmen. Mit den genannten Auswirkungen auf Bauzeit und -kosten kann er nun jederzeit die Tür aufschließen und sich Licht machen. Und zwar auf die modernste Art. Wo es früher einen simplen Kippschalter gab, ist nun ein Kleincomputer eingebaut. Aber keine Bange: Dazu gibt es ein ausführliches Benutzerhandbuch. Man sollte abends nur die Taschenlampe nicht vergessen, wenn man es studieren will.

Schaltzentrale des ELEFANTENPARKs: von hier kann die gesamte Anlage überwacht und können alle Tore bedient werden.

Bei Regen fahren – elektronisch gesteuert – alle Fenster automatisch zu. Das ist doch sehr praktisch. Dass man sie vielleicht irgendwann wieder öffnen will, war nicht vorgesehen, aber bitte schön: Auf Bauherrenwunsch, mit den üblichen Auswirkungen auf Bauzeit und -kosten, kann man auch das ändern. Überhaupt: Man sollte doch dankbar sein, dass man die Technik des 21. Jahrhunderts eingebaut bekommt. Oftmals ist der Fortschritt nach DIN oder EU-Norm sogar vorgeschrieben. Das betrifft z.B. den Brandschutz. BMZ ist für den politisch gebildeten Bürger die Abkürzung für das Bundesministerium für wirtschaftliche Zusammenarbeit. Offensichtlich hat es die Bundesregierung versäumt, sich dieses Akronym schützen zu lassen. Ob man das BMZ vielleicht gewählt hat, weil die damalige Entwicklungsministerin feuerrote Haare hatte, habe ich nicht klären können. Auf jeden Fall hat man der Feuerwehr den Weg zum ELEFANTENPARK wie zu jeder anderen Brandstätte in Deutschland nicht etwa mit AA- oder BMFT-, sondern mit BMZ-Schildern ausgeschildert.

Das ganze Gebäude ist gespickt mit Rauchmeldern und -sensoren. Schon der Luftzug, den der Flügelschlag einer verirrten Taube verursacht, kann einen Alarm auslösen. Wegen der Empfindlichkeit des Systems geht man davon aus, dass 99,999 % aller Alarme Fehlalarme sein werden. Um die Feuerwehr nun nicht ständig vergeblich zu bemühen – auf Kosten des Bauherrn versteht sich – hat sich der Brandschutzverordnungsgeber ein raffiniertes Kontrollsystem ausgedacht. Nur jeder zweite Alarm geht direkt an die Feuerwehr, jeder erste an ein Tag und Nacht besetztes Telefon, z.B. bei einer Wach- und Schließgesellschaft. Der Wachhabende hat eine Liste von Telefonnummern von Zoomitarbeitern, die er nacheinander anrufen muss, bis er jemanden erreicht, der bereit ist, zum ELEFANTENPARK zu laufen und nachzuschauen, ob es brennt. Im positiven Fall ruft er die Feuerwehr, die dann nur noch der BMZ-Ausschilderung zu folgen braucht.

Durch die ständigen Extrawünsche des Bauherrn konnte der schlüsselfertige Übergabetermin natürlich nicht eingehalten werden. Übergabe bedeutet auch keinesfalls, dass das Bauwerk fertig ist. Übergeben wird vielmehr eine Mängelliste, die der Generalunternehmer nach und nach abarbeiten kann. Dass sich die Elefanten am Anfang die Türen noch selbst öffnen konnten, mussten wir in Kauf nehmen. Was macht's, wenn das Badewasser, das man bei den Elefantenkühen ablässt, in der Wanne des Bullen wieder hochkommt? Es war doch noch gar kein Bulle da. Nun ja, der Ärger während der Bauzeit und die Kinderkrankheiten, die das Bauwerk durchgemacht hat, sollen nicht davon ablenken, dass das Projekt – Ganesha sei Dank – letztendlich gelungen ist und dass der ELEFANTENPARK zum absoluten Highlight im Kölner Zoo geworden ist. Es handelt sich um die größte und modernste Elefantenanlage nördlich der Alpen, die sowohl beim Publikum wie in der Fachwelt großes Aufsehen erregte. Die internationale Anerkennung kam nicht zuletzt in der Verleihung des „EAZA Award for the best exhibit 2005“ zum Ausdruck.

Die Kölner waren auf die Eröffnung des ELEFANTENPARKs durch die umfangreiche Berichterstattung der Medien und eine Reihe von Sonderveranstaltungen, darunter zwei musikalischen, im wahrsten Sinne des Wortes eingestimmt worden. Einmal bot in dem neuen Bauwerk, also dort, wo heute die Elefanten leben, das National Centre of Dance aus Kathmandu/Nepal Tänze und Musik aus dem Himalaja dar. Der Reinerlös der Veranstaltung wurde dem Elephant Breeding Centre im Chitwan-Nationalpark zur Verfügung gestellt. Das andere Mal veranstaltete der LIONS-Club Köln-Vitellius ein Benefizkonzert zugunsten der Roschani-Schule, einer Mädchenschule in Ghazni/Afghanistan. Zu Gehör kamen Stücke von Ravel und Tschaikowski über Grieg, Schumann und Offenbach bis zu Saint-Saëns' „Karneval der Tiere“. Die Akustik war so gut, das Publikum so begeistert, dass der Moderator des Abends, Dirk Schortemeier vom WDR, am Ende vorschlug, das Gebäude doch lieber als kleine Philharmonie denn als Elefantenhaus zu nutzen. Auch wenn der Elefant in Afghanistan Fil und das Elefantenhaus Filchana heißt, ihre kleine Philharmonie müssen sich die Kölner schon selbst bauen. Am 19. September 2004 wurde der ELEFANTENPARK schließlich eröffnet. Seitdem ist der Kölner Zoo ein Elefantenzoo, weshalb er seit 2007 auch einen Elefanten als Logo im Briefkopf führt – mit sternefunkelndem Auge und einer Doppelspitze unterm Hintern.

Bevor die Elefanten einzogen, bot das Nepal National Centre of Dance im ELEFANTENPARK Tänze und Musik aus dem Himalaja dar.

Wie eine Elefantenherde wächst

Als wir mit dem Bau begannen, hatten wir nur einen einzigen Asiatischen Elefanten, und der war schon so alt, dass wir ihm den Umzug in den ELEFANTENPARK nicht mehr zumuten wollten. Der EEP-Koordinator konnte uns für den Anfang vier Tiere aus Emmen vermitteln, zwei Kühe mit ihrem Nachwuchs, zwei etwa dreijährigen, männlichen Tieren. Aus England erhielten wir einen 34-jährigen erprobten Zuchtbullen, der sein Können auch hier bald unter Beweis stellte. Schließlich konnten wir vom Zoo in Singapur einen fünfjährigen Nachwuchsbullen erwerben. Damit hatten wir zwar sechs Elefanten im neuen ELEFANTENPARK, aber in einem denkbar ungünstigen Geschlechterverhältnis, nämlich von 4:2. In Europa war nicht mehr zu kriegen. Fast 20 Zoos waren dabei, ihre Elefantenanlagen zu modernisieren, oder bauten neue wie der Kölner Zoo, und alle suchten Elefanten. Deshalb versuchten wir unser Glück in den Ursprungsländern der Elefanten. Die Emmener Elefanten waren die letzten, die, wie schon erwähnt, aus Myanmar nach Europa eingeführt worden waren, und das war gut 20 Jahre her.

Ich war selber einmal in Myanmar gewesen und hatte auch den Zoo in der Hauptstadt Yangon, die damals noch Rangun hieß, besucht. Außer den burmesischen Leierhirschen sah ich dort zum ersten Mal im Leben Takins, Seraus und Gorals, Arten, von denen wir in europäischen Zoos meist nur träumen können. Aber das war schon 30 Jahre her, und natürlich gab es dort niemanden mehr, den ich noch kannte. Trotzdem nahm ich Kontakt auf und ich fuhr mit meinem Stellvertreter Olaf Behlert, den ich außerdem zum Leiter des Elefantenprojektes gemacht hatte, 2001 nach Yangon. Der Zoo fühlte sich in dem abgekapselten Land abgeschnitten von der internationalen Zoogemeinschaft und war daher sehr an einer Kooperation mit dem Kölner Zoo interessiert. Tatsächlich hatte er zwei Elefantenkühe im Alter von zehn bzw. elf Jahren abzugeben, und wir waren uns auch rasch handelseinig. Für den Papierkrieg, der notwendig war, um die Elefanten aus Myanmar heraus- und nach Deutschland hineinzubekommen, benötigten wir dann allerdings vier Jahre, aber wir haben ihn gewonnen! Im August 2005 trafen die beiden Elefantenkühe ein und vergrößerten unsere Herde auf acht Tiere.

Elefantenanlage im Zoo von Yangon in Myanmar.

Eine der Elefantenkühe aus Emmen war trächtig zu uns gekommen. So unübersehbar und eindrucksvoll eine Elefantenhochzeit auch sein mag – wenn sie nachts stattfindet, bekommt sie keiner mit. Deshalb wussten wir nur, dass die Kuh trächtig war, aber nicht seit wann und wann mit der Geburt zu rechnen war. Einmal stellten sich Scheinwehen ein. Da das Tier dank einer vom WDR gesponserten Webcam übers Internet Tag und Nacht beobachtet werden konnte, hagelte es Mails und Anrufe, auch aus der Fachwelt, die mit guten Ratschlägen begannen und, da wir diesen nicht folgen wollten, mit wüsten Beschimpfungen endeten. Die Geburt wurde nämlich nicht – wie vorgeschlagen – künstlich eingeleitet. Die Wehen gingen wieder zurück, und es dauerte noch einmal drei Monate bis zur Niederkunft. Am Abend des 29. März 2006 platzte die Fruchtblase. Als aber das Junge am nächsten Morgen immer noch nicht ausgestoßen war, wurde das Konzept des Herdenmanagements auf die Nagelprobe gestellt. Es hat sie bestanden. Was Elefantengeburten betrifft, gibt es z. Zt. zwei Schulen in den Zoos. Die eine will alles im Griff behalten, isoliert die werdende Mutter von der Herde und fixiert sie,

sodass man notfalls rasch eingreifen kann. Die andere lässt die Geburt in der Herde stattfinden, sodass alle Elefanten sie mitbekommen und Mutter und Neugeborenem Beistand leisten können. Unsere Kuh wurde schließlich in eine Absperrbox gerufen, ließ sich vom Tierarzt ein Wehen treibendes Mittel spritzen und brachte fast augenblicklich ein gesundes Jungtier zur Welt. Daraufhin wurde sofort das Tor wieder geöffnet, sodass die Herde Zutritt bekam. Für die Elefanten war die Welt damit wieder in Ordnung.

Der kleine Elefant erhielt einen burmesischen Namen: Marlar, was soviel wie Blume oder Blüte bedeutet. Zum ersten Mal war im Kölner Zoo ein Elefant geboren worden, 141 Jahre nachdem der erste Elefant hier seinen Einzug gehalten hatte. Die Kölner waren begeistert, und die Medien überschlugen sich vor Begeisterung. 2006 wurde das erfolgreichste Jahr in der Geschichte des Kölner Zoos.

Insgeheim hatten wir weiter versucht, unsere Elefantenherde durch Importe zu vergrößern. Wolfgang Kiessling, der Gründer des berühmten Loro-Parques auf Teneriffa, zugleich Konsul für das Königreich Thailand auf den Kanarischen Inseln, hatte uns den Zugang zu den entsprechenden Stellen in Thailand verschafft. Dort besteht das Paradoxon, dass es zwar 4000 Arbeitselefanten gibt, diese aber seit dem Stopp des Holzeinschlags zum Schutz der verbliebenen Regenwälder nicht mehr gebraucht werden, sozusagen ar-

Historienspiel mit Elefanten in Ayutthaya, der alten Hauptstadt Thailands.

beitslos geworden sind. Infolgedessen findet man überall auf den Straßen thailändischer Städte Elefanten, die ihren Lebensunterhalt durch Betteln bestreiten – ein erbärmlicher Anblick und ein großes Problem.

In Ayutthaya, das von 1351 bis 1767 die Hauptstadt Thailands war, kam Sompast Meephan, ein erfolgreicher Geschäftsmann und Elefantenliebhaber, auf die Idee, den alten königlichen Elefantenkraal, den man zu Beginn des 20. Jahrhunderts aufgegeben hatte, wiederzubeleben. Die Elefanten brauchte er nur auf der Straße aufzusammeln. Das war 1996. Heute besitzt er über 150 Elefanten, die Touristen durch die alte Königsstadt tragen und an Festtagen an Historienspie-

Nach Ankunft der fünf Tiere aus Ayutthaya Ende 2006 bestand die Kölner Herde aus zehn weiblichen Elefanten.

len mitwirken. Und jedes Jahr kommt ein Dutzend kleiner Elefanten auf die Welt. Nur solche in menschlicher Obhut geborene und aufgewachsene Tiere dürfen nach den Bestimmungen des internationalen Artenschutzübereinkommens (CITES) exportiert werden. Sompast war auch bereit, uns fünf seiner Nachzuchttiere abzugeben. Nur die Behörden waren sehr zurückhaltend bei der Erteilung der Exportgenehmigung.

Die Szene wird nämlich von heutzutage weltweit operierenden Tierschützern misstrauisch beobachtet. Der Taronga-Zoo in Sydney hatte eine neue Elefantenanlage gebaut und freimütig bekannt gegeben, dass er sie mit Tieren aus Ayutthaya zu besetzen gedenke. Das rief sofort die Tierschützer auf den Plan, die nun alles daran setzten, den Transfer der Tiere zu verhindern. Es kam zu Demonstrationen sowohl in Australien als auch in Thailand, und die Elefanten verbrachten mehrere Jahre in Quarantäne, weil die Behörden die Auseinandersetzung mit den Tierschützern scheuten und sich nicht trauten, die Exportgenehmigung zu erteilen. Da aber alles völlig legal war, hatten sie keinen Grund, die Genehmigung dauerhaft zu verweigern. Als es schließlich dazu gekommen war, blockierten die Tierschützer die Straße zum Flughafen, sodass die eigens gecharterte Frachtmaschine ohne Elefanten wieder nach Australien zurückkehren musste. Das sollte uns nicht passieren, weswegen wir niemandem von unserem Vorhaben erzählten.

Drei Jahre ging es hin und her. Zwischendurch hatte ich die Hoffnung schon aufgegeben. Aber Olaf Behlert ließ nicht locker. Ich weiß nicht mehr, wie oft ich ihn nach Bangkok schickte, um dort die Klinken zu putzten. Jedenfalls ist es seinem Verhandlungsgeschick und seiner Hartnäckigkeit zu verdanken, dass die fünf Elefantenkühe aus Ayutthaya am 16. September 2006 schließlich doch noch im Kölner ELEFANTENPARK eintrafen. Nun kam es darauf an, sie in die Kölner Herde zu integrieren. Die beiden Emmener Nachwuchsbullen, die die Herde sowieso verlassen mussten, wurden abgesondert. Die spannende Frage war, welche der beiden Leitkühe die Führung der Gesamtgruppe übernehmen würde. Entgegen der Meinung mancher Elefantenexperten wurde nicht versucht, ein Tier nach dem anderen in unsere Herde zu integrieren. Stattdessen wurden schon nach kurzer Zeit, in der sich die Tiere am Gitter kennengelernt hatten, beide Gruppen zusammen gelassen. Innerhalb weniger Tage war die Frage entschieden, und zwar wie man es von Elefanten erwartet: Die älteste und erfahrenste Elefantenkuh, eines der aus Emmen stammenden Tiere, wurde als Leitkuh akzeptiert.

Zwei Jahre nach Eröffnung des ELEFANTENPARKs konnten wir eine positive Bilanz ziehen. Das Konzept des Herdenmanagements, das wir als erster deutscher Zoo praktizierten, hatte sich bewährt. Aus den anfänglich sechs, d.h. vier männlichen und zwei weiblichen Tieren, war eine Herde von zwölf, zwei Bullen und zehn weiblichen Elefanten entstanden. Nachzutragen ist, dass 2007 zwei weitere Elefanten zur Welt kamen, 2009 der vierte. Es läuft also. „Die Idee des Elefanten ist unvergänglich“, hat Arthur Schopenhauer einmal gesagt. Ich weiß nicht genau, wie er das gemeint hat. Der Kölner Zoo hat sich jedenfalls vorgenommen, dass der Elefant nicht nur als Idee, vielleicht eines Tages sogar nur noch in der Erinnerung der Menschen erhalten bleibt, sondern auch als Art eine reelle Chance hat, noch lange zu existieren.

Marlar im Alter von einem halben Jahr.

DER SCHREI DES SCHNEEKRANICHS – RÜCKBLICK UND AUSBLICK

Schneekraniche: Zum letzten Mal

Als ich 1981 die Leitung des Kölner Zoos übernahm, rief ich eine Vortragsreihe, die „Vorträge im Kölner Zoo", ins Leben. Beinahe jedes Jahr hielt ich selbst einen Vortrag. Der 150. in dieser Reihe war 2006 mein Abschiedsvortrag, ein Rückblick auf mein Berufsleben. Ich nannte ihn „Der Schrei des Schneekranichs". Schneeweiße Kraniche bewohnen nach der Vorstellung der Chinesen die Inseln der Seligen und künden von ewiger Weisheit und Unsterblichkeit. Sie sagen: Der Patriarch des gefiederten Geschlechts, der ehrwürdige Herr Kranich, geleitet als Mittler zwischen Himmel und Erde die Seelen der Verstorbenen ins Paradies. Auch die Buddhisten betrachten den Kranich als göttlichen Vogel und Vermittler zwischen Jetzt und Später. Er gilt ihnen als Symbol für Glück, Treue und ein langes Leben. Für die Christen ist der Kranich nicht nur das Sinnbild der Treue, sondern auch der Liebe, Wachsamkeit und Rechtschaffenheit.

Bis in die Achtzigerjahre gab es eine Brutkolonie des Schneekranichs am oberen Ob, deren Winterquartier in Nordindien lag.

Obwohl Kraniche also seit alters her und in allen Kulturen verehrt werden, haben die Menschen es fertiggebracht, dass heute sieben der 14 Kranicharten der Erde vom Aussterben bedroht sind. Zu den am stärksten bedrohten gehört der Schneekranich. Vor 30 Jahren gab es außer einer Brutkolonie in Jakutien, über deren Größe man bis heute nichts Genaues weiß, zwei weitere am oberen Ob. Die Tiere einer dieser beiden Kolonien pflegten in Keoladeo Ghana in Indien zu überwintern. Auf ihrem Zug überquerten sie regelmäßig auch Afghanistan, wo ich sie im Herbst 1970 bei einer Rast am Ab-e-Istada sah. Im Winter fuhr ich extra nach Keoladeo Ghana, um sie in ihrem Winterquartier zu treffen. Die gesamte Population bestand zu diesem Zeitpunkt noch aus 50 Vögeln. Zehn Jahre später gab es nur noch 15, wiederum zehn Jahre später war die Population endgültig erloschen. Das Gleiche gilt übrigens auch für die zweite Population vom Ob, die ihr Winterquartier weiter westlich am Kaspischen Meer hatte. Man redet ständig von der allenthalben bedrohten Tierwelt. Hier hatte ich den Untergang einer Art sozusagen selbst miterlebt. Für mich ist der Schneekranich Symbol der Kaltblütigkeit und Gedankenlosigkeit der Menschen im Umgang mit der Natur. Was hat dem Kranich sein hohes Ansehen bei den Menschen genutzt?

Was haben wir erreicht?

Am Ende eines Berufslebens, das sich der Rettung der Tierwelt verschrieben hatte, fragt man sich in einer stillen Stunde schon einmal, was man denn eigentlich erreicht hat. Was ist von den Plänen, Hoffnungen und Träumen, mit denen man einst angetreten ist, in Erfüllung gegangen? In den Siebzigerjahren machte der Club of Rome viel von sich reden. 1980 erschien „Global 2000“, der Bericht über den Zustand der Erde an den amerikanischen Präsidenten, der uns junge Biologen sehr betroffen machte, und es gab zumindest in Naturschutzkreisen eine große Aufbruchstimmung. Wir wollten das Abtrudeln des Planeten in die ökologische Krise aufhalten. Wir wollten die Welt verbessern. Das Ergebnis ist eher ernüchternd. Innerhalb der letzten 30 Jahre, also innerhalb einer einzigen Generation, hat sich die Weltbevölkerung verdoppelt, von drei auf über sechs Milliarden Menschen. Selbst wenn es gelingt, das Bevölkerungswachstum zu drosseln, 12 bis 14 Milliarden werden wir in jedem Fall erreichen. Was das für die Vielfalt an Tier- und Pflanzenarten, aber auch für die Lebensqualität der einzelnen Menschen bedeutet, kann sich keiner vorstellen.

Der Prozess der Naturzerstörung hat ja während der letzten 30 Jahre trotz aller guten Vorsätze nicht ab-, sondern zugenommen. Erfolge der Zoos, einzelne bedrohte Arten durch Zucht vor dem endgültigen Aus zu retten und einige sogar wieder in der Natur anzusiedeln, dürfen uns nicht blenden. Das sind Tropfen auf den heißen Stein. So erfreulich die Rettung einzelner Arten auch ist, um einzelne Tierarten geht es nicht mehr. Der Mensch braucht heute schon über 50 % der auf der Erde produzierten Biomasse, um selbst zu überleben. Der Verbrauch an natürlichen Ressourcen und in der Folge die gnadenlose Zerstörung der Natur kann ja nicht abnehmen, je mehr Menschen es gibt, sondern nur weiter zunehmen.

Naturschutz richtig begründet

Wie haben wir unsere Naturschutzbemühungen begründet? Wir wollten die Vielfalt an Arten für nachfolgende Generationen erhalten. Es ging um die Schönheit der Natur, den Regenwald, der in Millionen von Jahren herangewachsen ist und den wir in kürzester Zeit und unwiederbringlich abholzen. Wir sprachen vom Recht unserer Mitgeschöpfe auf Leben und der Verantwortung, die der Mensch ihnen gegenüber hat. Diese Begründung hat offensichtlich nichts genutzt. Wenn wir im Naturschutz wirklich etwas erreichen wollen, müssen wir ihn anders begründen.

Die Erde wird sich zweifellos weiter drehen, wenn es keine Gorillas, Tiger oder Elefanten mehr gibt, und in 30 oder 60 Jahren wird wohl auch keiner mehr danach fragen. Oder vermisst heute etwa jemand den Schneekranich? In Zukunft wird es auch nicht mehr um einige bedrohte Tier- oder Pflanzenarten gehen, sondern um das eigene Leben und Überleben. Nur wenn die Menschen begreifen, dass sie mit der Natur ihre eigene Lebensgrundlage vernichten, werden sie etwas für den Schutz der Natur tun. Diese Erkenntnis ist natürlich nicht neu. Seit gut 15 Jahren wird von der Nachhaltigkeit bei der Nutzung natürlicher Ressourcen gesprochen. Es hat Bevölkerungs- und Klimakonferenzen gegeben und 1992 den ersten Umweltgipfel in Rio de Janeiro. Dort hat man sich auch einiges vorgenommen und auf die Agenda 21, die Tagesordnung für das 21. Jahrhundert, gesetzt. Das Jahrhundert hat gerade erst angefangen, aber weiß noch jemand, was in der Agenda 21 steht?

Die Zoos haben die Aufgabe, die Menschen daran zu erinnern. Über 30 Millionen Menschen kommen alljährlich in die deutschen Zoos, denen wir den Naturschutz ans Herz legen können. Wir müssen ihn nur überzeugender begründen als früher. Ein Symbol für die geschundene Natur ist der Schneekranich. Noch gibt es ihn in Zoos, neuerdings auch im Kölner Zoo, denn er wird im Rahmen eines Europäischen Erhaltungszuchtprogramms (EEP) erfolgreich gezüchtet. Hier kann der Patriarch des gefiederten Geschlechts, der von den Inseln der Seligen stammt, mit seiner Weisheit versuchen, die Menschen zur Einsicht zu bringen und zur Umkehr im Umgang mit der Natur zu bewegen.

Der Asiatische Löwe kommt heute nur noch an einer einzigen Stelle in Indien vor, ist aber, wie diese Informationstafel im Kölner Zoo zeigt, auch hier vor menschlichen Aktivitäten nicht sicher.

Tierrechtler kontra Naturschützer

Für alle Fälle haben die Europäischen Zoos durch Zucht eine Reservepopulation des Asiatischen Löwen aufgebaut.

Eine grundsätzliche Schwierigkeit besteht darin, dass viele Leute nicht den Unterschied zwischen Tierschutz und Artenschutz kennen. Das Anliegen des Tierschutzes ist das Wohlbefinden des einzelnen Tierindividuums. Beim Arten- und Naturschutz geht es um das Überleben von Arten und Lebensräumen, ungeachtet des Schicksals einzelner Individuen. Wo immer es heutzutage noch Reststücke von Natur auf der Erde gibt, ganz ohne menschliches Eingreifen sind die wenigsten überlebensfähig. Der älteste und lange Zeit größte Nationalpark Afrikas ist der Krüger-Nationalpark. Über Jahrzehnte hat man dort die Elefantenpopulation in Anpassung an die ökologische Tragekapazität des Gebietes konstant gehalten, und zwar mit jagdlichen Methoden. Solche Maßnahmen sind angesichts der Tatsache, dass der Afrikanische Elefant global betrachtet von der Ausrottung bedroht ist, in der Öffentlichkeit nur noch schwer verständlich zu machen. Tierschützer und Tierrechtler haben die Nationalparkverwaltung gezwungen, jetzt nach anderen Methoden der Bestandsregulierung zu suchen, z.B. der Geburtenkontrolle mithilfe von Hormonpräparaten. Selbst der Versuch, eine bedrohte Tierart durch Zucht in menschlicher Obhut und Wiederansiedlung in der Natur vor dem endgültigen Aus zu retten, ist vor Tierrechtlern und Puristen unter den Naturschützern nicht zu rechtfertigen. Wenn eine Art es nicht schafft, allein zu überleben, dann soll man sie lieber in Würde aussterben lassen. Dann muss es wohl Gottes Wille sein. Jedenfalls sah das ein amerikanischer Umweltminister so. Sich gegen den Willen Gottes aufzulehnen wäre zwecklos. Außerdem, setzte er hinzu, lohne sich das schon deshalb nicht, weil das Jüngste Gericht kurz bevorstehe.

Lösen regulierende Eingriffe in Populationen im Freiland heutzutage schon endlose Diskussionen aus, gilt dies erst recht für die Tierbestandsregulierung im Zoo. In der Natur wird eine Löwin durchschnittlich neun bis zehn Jahre alt, und wenn alles klappt, schafft sie es, in dieser Zeit vielleicht zwei Nachkommen aufzuziehen, die selbst das fortpflanzungsfähige Alter erreichen. Dies reicht auch völlig aus, um eine Löwenpopulation auf lange Sicht stabil zu erhalten. Natürlich bringt die Löwin in der Regel sehr viel mehr Junge zur Welt. Die meisten fallen aber Krankheiten und Hunger, Räubern und Unfällen oder dem Infantizid zum Opfer. Im Zoo, wo sie bestens versorgt ist, wird eine Löwin leicht doppelt so alt und sie könnte, wenn man sie ließe, ohne Weiteres 30 bis 40 Junge aufziehen. Die Aufgabe des Zoos ist es nun, die in der Natur existierenden bestandsregulierenden Selektionsfaktoren, die im Zoo nicht greifen, zu ersetzen, und zwar durch solche Methoden, die von der Gesellschaft, in der sich der Zoo befindet, ob der chinesischen oder deutschen, auch akzeptiert werden. Als Zoodirektor hat man nicht nur tagtäglich mit Tieren zu tun. Man muss sich auch ständig mit dem Verhältnis von Mensch und Tier in allen seinen Varianten auseinandersetzen. Ich habe solche Auseinandersetzungen nie gescheut, und in der Regel ist es mir auch gelungen, Zookritiker mit sachlichen Argumenten zu überzeugen. Vor allem aber konnte mich niemand in meiner Begeisterung für den Zoo beirren.

Der Kulturkampf zoologischer Gärten

Von ihrem ideellen Anspruch, insbesondere ihrem Bildungsauftrag her lassen sich zoologische Gärten, wie schon gesagt, am ehesten mit Museen vergleichen. Während Museen aber unumstritten als kulturelle Einrichtungen anerkannt werden, kämpfen die Zoos bis zum heutigen Tag um ihren Kulturstatus und werden in der öffentlichen Meinung meist als Orte angesehen, die allein der Entspannung und dem Amüsement dienen. Zoos haben also ein Imageproblem, und ich habe mich stets darum bemüht, ihr Image aufzubessern. Ende der Achtzigerjahre erstritt ich gerichtlich durch alle Instanzen bis hin zum Bundesarbeitsgericht die Anerkennung des Kölner Zoos als Tendenzbetrieb. Bei Tendenzbetrieben handelt es sich um Betriebe, die einer politischen, konfessionellen, karitativen, erzieherischen, künstlerischen oder wissenschaftlichen Tendenz folgen und deren geistig-ideelle Zielsetzung bzw. deren Verwirklichung nicht durch die Mitbestimmung von Arbeitnehmern eingeschränkt werden soll. Zwar hatte dieses Urteil für den täglichen Zoobetrieb praktisch keine Bedeutung, aber ich betrachtete es als enormen Imagegewinn und schrieb darüber in der Folge zahlreiche Artikel mit Überschriften wie: „Der Kulturkampf Zoologischer Gärten“, „Zoologische Gärten und Museen – Gemeinsamkeiten und Unterschiede“ oder „Der Zoo als Museum – Tiergärten kämpfen um ihre Anerkennung als Kulturstätten“.

Logo des ELEFANTEN-PARKs, des größten Projekts in der Geschichte des Kölner Zoos.

Außenstehende nehmen meist an, dass jeder, der in einem Zoo arbeitet, vom gleichen Sendungsbewusstsein beseelt sei. Das ist aber keineswegs der Fall. Sowohl der Belegschaft, die tagtäglich im Zoo arbeitet, als auch dem Aufsichtsrat, der fürs Grundsätzliche zuständig ist, muss man es ständig predigen. Soweit es sich nicht um Arbeitnehmervertreter handelt, werden die Aufsichtsräte vom Hauptaktionär, der Stadt Köln, entsandt. Die wenigsten Ratsmitglieder haben jedoch ein Interesse am Zoo. Im Zoo gibt es keine Sitzungsgelder, und die Aufsichtsratsreisen gehen nicht nach Japan und Brasilien, sondern – wenn überhaupt – als Tagestour in den Zoo von Hannover oder Rotterdam. Zu den Ausnahmen im Rat gehörte Heinz Lüttgen, der über beinahe zwei Jahrzehnte den Aufsichtsrat mit Zielstrebigkeit und Durchsetzungsvermögen leitete. Er hörte sich meine Predigten immer sehr aufmerksam an und machte sie sich zu eigen. Stets hielt er Aufsichtsratsangelegenheiten und laufende Geschäfte, die Vorstandssache sind, sauber auseinander und vor allem hielt er den Zoo aus der Parteipolitik heraus. Er wollte den Zoo weiterbringen, sonst nichts.

Neue Besen kehren gut

Das änderte sich, als die CDU 1999 die Kommunalwahl gewann. Sie erinnerte sich daran, dass einst Theo Burauen Oberbürgermeister (OB) und zugleich Vorsitzender des Zooaufsichtsrats war. Wenn man vielleicht sonst alles anders machen wollte als die SPD, der neue OB musste in den Aufsichtsrat des Zoos. Für Fritz Schramma war der Zoo jedoch keine

Herzensangelegenheit. Schon nach einer Legislaturperiode gab er den Vorsitz wieder ab und machte Walter Grau zu seinem Nachfolger, einen Vogelzüchter, der mir seit Langem bekannt war. Manchmal haben Hobbyzüchter, die sich rund um die Uhr um ihre Pfleglinge kümmern können, größere Erfolge bei der Haltung und Zucht empfindlicher Arten als der große professionelle Zoo mit seinem ständigen Personalwechsel. Deshalb habe ich immer den Standpunkt vertreten, dass wir das Potenzial privater Züchter für die Arterhaltung nutzen sollten. In den Achtzigerjahren machten Artenschutzverordnungsgeber und -vollzugsbehörden den privaten Tierhaltern das Leben schwer. Um ihre Interessen besser vertreten zu können, schlossen sie sich zu einem Verband, dem Bundesverband für fachgerechten Natur- und Artenschutz (BNA), zusammen. Walter Grau war dessen Vizepräsident. Für OB Schramma war klar: Wer selbst Vögel züchtet, muss auch Ahnung vom Zoo haben. Das ist allerdings ein Irrtum. „Eine grundsätzliche Schwierigkeit ergibt sich oft dadurch", schrieb einst Heini Hediger in seinem Leitfaden für zoologische Gärten, „daß Mitglieder der Oberbehörde sich für Experten halten [...] und dann glauben, dem Direktor dreinreden zu dürfen. Nach außen sieht ein Zoobetrieb ja auch recht einfach aus. Man betrachtet den Zoo als die Summe von einzelnen Liebhaberanlagen. Daraus leiten Mitglieder von Oberbehörden, die zuhause ein paar Aquarien oder Vogelvolieren haben, die Jäger sind oder einige Tropenreisen hinter sich haben, das Recht ab, den Zoobetrieb als Sachverständige zu kritisieren."

Dabei redete Grau uns gar nicht in die Vogelhaltung rein. Er meinte vielmehr, mich als schlichten Zoologen in wirtschaftlichen Fragen belehren zu müssen. Sein Amt trat er mit der Idee an, den Zoo mit der benachbarten Flora zu vereinigen, einer Idee, die während der letzten 140 Jahre in Abständen immer wieder aufgekommen, aber genausooft verworfen worden war. Nur die Gründe dafür waren ebenso regelmäßig in Vergessenheit geraten. Da der Rest des Aufsichtsrates der „neuen" Idee eher skeptisch gegenüberstand, beauftragte man einen Unternehmensberater damit, die wirtschaftlichen Auswirkungen einer solchen Fusion zu prüfen. Da der Gutachter sich davon keinerlei Vorteile für den Zoo, geschweige denn Einsparungen versprach, ließ man – bis zum nächsten Mal – lieber die Finger von der Flora.

Elefanten in der Werbung.

Nachdem der Aufsichtsrat den Bau des ELEFANTENPARKs mit einem finanziellen „Deckel" beschlossen hatte, war Grau empört, dass die im Laufe des Bauens notwendig gewordenen Nachbesserungen auch Geld kosten sollten. Unverständlich war ihm auch, dass die Baukosten nicht auch die Anschaffung von Elefanten abdeckten, und es gab daraufhin stundenlange Diskussionen im Aufsichtsrat, ob man für den ELEFANTENPARK denn überhaupt Elefanten brauche. Schließlich beauftragte man sogar das städtische Rechnungsprüfungsamt (RPA) damit, einmal nachzuschauen, ob beim Bau alles mit rechten Dingen zugegangen war. Das RPA brauchte für die Prüfung der Unterlagen fast so viel Zeit, wie wir für den Bau des ELEFANTENPARKs benötigt hatten. Abgesehen davon, dass der Prüfbericht dem Zoodirektor bescheinigte, dass er offenbar keine Ahnung von Elefanten habe, ist allerdings nichts dabei herausgekommen.

Wenn heute eine Folkloregruppe aus Afrika im Zoo auftritt, hat das mit den Völkerschauen früherer Zeiten nichts zu tun.

Dass der ELEFANTENPARK auch ein Publikumsmagnet und somit ein wirtschaftlicher Erfolg geworden ist, wie ihn der Kölner Zoo in seiner 146-jährigen Geschichte noch nie erlebt hat, brachte Grau nicht von seinem Vorhaben ab, jemanden, von dem er glaubte, er verstehe mehr von Finanzen als ich, zu meinem Nachfolger zu machen. Um das Terrain dafür vorzubereiten, trat er 2004 auf einer Tagung zur ZOOKUNFT mit dem Vortrag „Zooperspektiven der Zukunft – alte Hüte und neue Moden" an die Öffentlichkeit. Darin forderte er die wirtschaftliche Unabhängigkeit der Zoos und meinte damit, man müsse die öffentlichen Zuschüsse für zoologische Gärten streichen. Ein Zoo sei schließlich keine Sozialeinrichtung. Er forderte eine Neuausrichtung des Zoogedankens, wobei Begriffe wie kommerziell und wirtschaftlich ganz oben standen. Zoologische Schwerpunkte hielt er für überflüssig.

Wenn es um die Freizeit der Menschen geht, steht der Zoo heute zweifellos in einer großen Konkurrenz zu einer Vielzahl sehr verschiedenartiger Anbieter. Nur eines bietet der Zoo, was sonst keiner kann: nämlich die Begegnung mit Tieren, die die Leute sonst nur aus dem Fernsehen kennen. Und darauf sollte sich der Zoo konzentrieren. Sowenig es den Freizeitparks in der Vergangenheit bekommen ist, weiße Tiger oder Delfine als Lockmittel anzuschaffen, sowenig würde es der Oper nutzen, im Foyer ein paar Flipperautomaten aufzustellen, bzw. dem Zoo, eine Geisterbahn anzuschaffen. Diese Erkenntnis ist gar nicht mal so neu, sie scheint nur in Vergessenheit geraten zu sein. Ins Protokoll meiner letzten Aufsichtsratssitzung (29. Mai 2006) diktierte ich daher ein Zitat Heinz Hecks, des Sohnes des dritten Kölner Zoodirektors, Ludwig Heck, und in den Dreißigerjahren Direktor des Münchner Tierparks Hellabrunn: „Manche zoologischen Gärten sehen sich genötigt, Sonderaktionen wie Völkerausstellungen, Zirkusdarbietungen und dergleichen zu bieten [. . .] Allzu großer Wert wird auf Unterhaltung gelegt, die mit dem Tierpark nicht das Geringste zu tun hat. In Hellabrunn wollen wir nichts machen, was nicht zu einem Tierpark gehört. Wir wollen den Tierpark selbst so gestalten, dass das Publikum wegen des Tierparks kommt und nicht wegen einer Sonderschau von Negern."

Jeder Zoo tut also gut daran, sich auf sein Kerngeschäft, Tiere, zu besinnen. Wenn er das gut macht, stimmt auch die Kasse. Ein gutes Beispiel in jüngerer Zeit gab die Walt Disney Company, die 1998 in Orlando/Florida das Animal Kingdom eröffnete, den wohl größten und mit einer Milliarde US-Dollar Baukosten wohl teuersten Zoo, den es jemals in der Geschichte der Menschheit gegeben hat. Bei rund acht Millionen Besuchern im Jahr (und einem Eintrittspreis von z. Zt. 71 US-Dollar) waren die Entstehungskosten schon bald wieder eingespielt. Das Rezept für den Erfolg: Das Animal Kingdom setzt auf Naturschutz. „To make a difference for the future of wild animals and wild places." Walt Disney selbst hatte einst gesagt: „[...] conservation isn't just the business of a few people. It's a matter that concerns all of us."

Auf zu neuen Ufern

Die Arbeitnehmer im Aufsichtsrat hatten meine Warnung verstanden. Sie setzten durch, dass die Zoodirektorenstelle wieder für einen Zoologen ausgeschrieben wurde. Zwar ist der Kreis der infrage kommenden Bewerber sehr überschaubar. Um aber ja keinen zu übersehen, schaltete man vorsichtshalber einen Headhunter ein. Dass der keine neuen Kandidaten auftat, machte dem Aufsichtsrat die Wahl allerdings keineswegs leichter. Inzwischen war der Posten des Zoodirektors nämlich zum Zankapfel der im Rat der Stadt vertretenen Parteien geworden. Wählst du meine Dezernentenkandidatin mit, stimme ich für deinen Zoodirektor. Wenn ich heute jemandem erzähle, dass ich bei meiner Bewerbung auf den Posten nicht einmal gefragt wurde, ob ich ein Parteibuch habe, geschweige denn welches, glaubt mir das keiner. Damals ging es ausschließlich um die fachliche Qualifikation. Heute kommt es darauf an, dass die im Stadtrat vertretenen Parteien ihren proportionalen Anteil an den zu verteilenden Vorstandsposten städtischer Gesellschaften bekommen, und wenn gerade kein passendes Pöstchen frei ist, schafft man eben kurzerhand ein neues.

Auf Vorschlag des Headhunters entschied sich der Aufsichtsrat für einen Kandidaten, der seine Wahl zum Kölner Zoodirektor dazu benutzte, bei Bleibeverhandlungen in seinem Heimatzoo mehr herauszuschlagen und der – nachdem man ihn hier schon stolz der Presse präsentiert hatte – wieder absprang. Im zweiten Anlauf entschied sich der ratlose Aufsichtsrat dann für Theo Pagel, meinen langjährigen Vogelkurator. Darüber hatte ich mich allerdings zu früh gefreut, denn kaum hatte Pagel seinen Vertrag als Alleinvorstand der Gesellschaft unterschrieben, beschloss der Aufsichtsrat die Doppelspitze und stellte ihm einen zweiten Vorstand zur Seite – der nicht einmal Kaufmann war, was man ja noch hätte verstehen können, sondern Jurist, der aber das richtige Parteibuch hatte. Das konnte nicht gut gehen. Schon nach zwei Jahren war der Kölner Zoo beim „stern"-Ranking der deutschen Zoos von Platz 1 auf Platz 15 (von 27) abgerutscht, was sich natürlich auch an den Besucherzahlen ablesen ließ. 2007 wurden bereits 4 % weniger Eintrittskarten verkauft als 2006, und 2008 ging der Absatz noch einmal um 15 % zurück.

Um die neue Ausrichtung des Zoogedankens in die Tat umzusetzen, strich mir der Aufsichtsrat zum Abschied und sozusagen als Gratifikation zum 25-jährigen Dienstjubiläum die Pension. Meinen Arbeitsvertrag hatte vor 25 Jahren das Personalamt der Stadt aufgesetzt, und ich war davon ausgegangen, dass die schon wissen, was sie tun. Nun stellte sich heraus, dass ich damals offensichtlich zu blauäugig gewesen war, und ich musste mir vorhalten lassen, dass ich mich vor lauter Begeisterung für den Zoo zu wenig um meine persönlichen Angelegenheiten gekümmert hätte. Das tat ich jetzt umso gründlicher. Ich hätte mir nie träumen lassen, dass ich den Zoo einmal verklagen müsste. Das Landgericht entschied zwar zu meinen Gunsten. Weil das dem Aufsichtsrat aber gar nicht gefiel, vielleicht auch nur, um mich noch einmal zu ärgern, legte er Berufung gegen das Urteil ein. Es

Nach einem Ranking der Zeitschrift „stern" war der Kölner Zoo die Nr. 1 unter den Zoos in Deutschland.

Tropidophorus noggei: Ein in Vietnam entdeckter Wasserskink wurde nach dem Zoodirektor benannt.

hat ihm allerdings nichts genutzt. Denn auch das Oberlandesgericht entschied: Ich hätte das zu bekommen, was mir zustehe. Basta! Für die Presse war die Auseinandersetzung zu meiner Verabschiedung ein gefundenes Fressen. Wochenlang rauschte der „Rentenzoff im Zoo" durch den Blätterwald. Da hat der Nogge doch ein so schönes Leben im Zoo geführt mit Dienstvilla und Dienstreisen in alle Welt, nun will er wahrhaftig auch noch eine Pension. Dass ich den Gerichtsprozess durch zwei Instanzen gewann, interessierte dann niemanden mehr. Da kriegt einer, was ihm zusteht – was soll man denn darüber schreiben?

Ich war 25 Jahre lang Zoodirektor in Köln und hatte damit die zweitlängste Amtszeit. Nur Ludwig Wunderlich, der den Kölner Zoo von 1888 bis 1928 leitete, war länger im Amt. Die Arbeit hat mir Freude gemacht und sie war ja auch, wie diesem Buch zu entnehmen ist, nicht ganz erfolglos. Der Europäische Zooverband verlieh mir zum Abschied den EAZA-Award for Professional Excellence, und der Weltzooverband (WAZA) zeichnete mich mit dem Heini-Hediger-Award aus. Einer meiner Mitarbeiter, Thomas Ziegler, der seit 2003 für das Aquarium zuständig ist, nannte mir zu Ehren einen Wasserskink, den er in Vietnam entdeckt hatte, Tropidophorus noggei. Wenn eines Tages sämtliche Orden und Ehrenzeichen verrostet und verrottet sein werden und sich niemand mehr an einen Kölner Zoodirektor Nogge erinnern wird, der Wasserskink muss es, denn nach den internationalen Nomenklaturregeln haftet ihm der Name Nogge auf alle Zeiten an. Angesichts der einmütigen Anerkennung meiner Arbeit, übrigens nicht nur in der internationalen Zoogemeinschaft, sondern auch in der Kölner Öffentlichkeit, kann ich auf ein Dankeswort meines Aufsichtsrates oder gar der Stadt, der der Zoo letztlich gehört, gut verzichten. „Die einen kennen mich", hatte sich Bundeskanzler Adenauer in ähnlicher Situation einmal geäußert, „die anderen können mich." Meine Begeisterung für zoologische Gärten, auch die für den Kölner Zoo hat durch die unrühmliche Abservierung, die mir der Aufsichtsrat bereitet hat, keineswegs gelitten. Wenn ich noch einmal vor der Entscheidung stünde, würde ich mich wieder in einem Zoo bewerben.

Zoologische Gärten blicken auf eine lange, Jahrtausende währende Geschichte zurück. In dieser langen Zeit haben sie sich stetig weiterentwickelt, von der Menagerie früherer Jahrhunderte zum Naturschutzzentrum von heute. Aber noch niemals hat sich so viel im Zoo und so grundlegend verändert wie während der letzten 25 Jahre. Diese Entwicklung mitzuerleben und auch selbst ein wenig daran mitzuwirken, war sehr spannend. Ich glaube sogar, dass zoologische Gärten noch niemals eine so große Bedeutung hatten wie heute, sowohl für die Gesellschaft als auch für die allenthalben bedrohte Natur, und ich bin auch davon überzeugt, dass sie noch eine große Zukunft vor sich haben. Wenn es noch keine Zoos gäbe, wäre es höchste Zeit, sie zu gründen. Und ich wäre sofort dabei.

Wenn es noch keine Zoos gäbe, müsste man sie heute erfinden!

1962
Abitur und Aufnahme des Studiums der Biologie an der Universität Bonn

1969
Promotion, danach Dozent für Zoologie in Afghanistan und Berater des Kabul-Zoos

1974
Wissenschaftlicher Assistent am Institut für Angewandte Zoologie, Bonn

1978
Habilitation

1979
Insect Physiology Prize für die Arbeit über Symbionten von Tsetsefliegen

1981
Übernahme der Leitung des Kölner Zoos
Beginn der Vortragsreihe „Vorträge im Kölner Zoo"
Erstmals Ferienaktivitäten „Zoo-Aktiv"

1982
Bau: Saiga-Antilopen
Gründung des Fördervereins „Freunde des Kölner Zoos"
Tonbandführung im Aquarium

1983
Grundsteinlegung zum Urwaldhaus
Neuer Typ von Informationstafeln

1984
Bau: Przewalskipferde
Geburt des ersten Bonobos
Übernahme des Zoorestaurants durch Fa. Schuler

1985
125 Jahre Kölner Zoo
Rosenmontagsmotto: „Ene Besuch em Zoo ..."
Buch: Häßlin/Nogge: Der Kölner Zoo
Erste Goldgelbe Löwenäffchen geboren
Bau: Urwaldhaus für Menschenaffen
Zooparkhaus am Haupteingang
Begründung der EEPs
Verstärkung der Zooschule durch Sek.-II-Lehrer
Planstelle für Forschung (Dr. Lydia Kolter)
Ausbruch der Schimpansen Petermann und Susi
Theo Burauen wird Ehrenvorsitzender des Aufsichtsrates
Unterart des Satansaffen wird nach der Kuratorin für Primaten benannt: Chiropotes satanas utahicki

1986
CBSG erarbeitet „Policy Statement on Captive Breeding" in Köln
Erste Studienreise der Freunde des Kölner Zoos (nach Namibia)
Planstelle für Zootierarzt (Dr. Olaf Behlert)
Primatenkuratorin Uta Ruempler erhält Bundesverdienstkreuz

1987
Bau: Geparden, Pelikane
Gründung des ersten Europäischen Zooverbandes (ECAZA) in Rockanje
Kölner Storchenkrieg (1987–1990)
Vorsitz im EEP-Komitee (1987–1994)

1988
Gründung von ISIS in Cincinnati

1989
Bau: Kleiner Panda
Aufbau des Zoobegleiter-Service

1990
Erste Geburten von Gorillas und Kleinen Pandas
Erste gesamtdeutsche Zoodirektoren- und EEP-Tagung in Köln

1991
Bau: Moschusochsen
Erstmals Goldkopf-Löwenäffchen geboren
Neu: Zoomobile
Erste Ausgabe des Informationsblatts ZOO-AKTUELL
Mitglied des wissenschaftlichen Beirates des IZW, Institut für Zoo- und Wildtierforschung (1991–1999)

1992
Erstmals reisen Goldgelbe Löwenäffchen zur Wiederansiedlung nach Brasilien
Einführung von Tierpatenschaften

1993
Ausstellung: Die Rückkehr der Dinosaurier
Präsident des Welt-Zooverbandes (1993–1995)
Veröffentlichung der Welt-Zoo-Naturschutzstrategie
Vorsitz des Deutschen Komitees der König-Mahendra-Stiftung für Naturschutz in Nepal (1993–2007)
Buch (Koautor): Poley (Hrsg.): Berichte aus der Arche
Gründung der Zoo-Service GmbH und Eröffnung des „Zoovenir-Shops"

1994
Bau: Leoparden/Schneeleoparden und Okapis
Brillenkaiman Sammy in Pflege
Vorsitz im EAZA-Forschungskomitee (1994–2002)

1995
Wiederansiedlung von Kölner Onagern in Saudi-Arabien
Ausstellung: Insectic Park
Erstes Zoofest mit Radio Köln
IUDZG Strategic Planning Workshop: Zoo Future 2005
Mitglied im wissenschaftlichen Beirat des WWF (1995–1997)

1996
Bau: Bonobo-Außengehege
Erstnachzucht eines Rosapelikans
Ausstellung: Vier Millionen Jahre Mensch
Zoo de Cologne, wöchentlicher Sendeplatz bei Radio Köln (1996–2005)

1997
Bau: Eulenkloster

Ausstellung: Planet Erde
Beginn der Kooperation mit dem Hortobagy-Nationalpark in Ungarn
Malender Elefant Tanga
Zoobegleiterin Mary Waldermann erhält Bundesverdienstkreuz

1998
Bau: Fischotter
Pilotprojekt zur Förderung globaler Umwelterziehung in wissenschaftlich geleiteten zoologischen Gärten
Beginn des Naturschutzprojektes Phong Nha-Ke Bang in Vietnam
Erste „Sommernacht"
Erstmals im Internet: www.zoo-koeln.de
Vorsitzender EAZA (1998–2000)

1999
Erstes Okapi geboren
Ausstellung: Welt der Wale
Bau: Modernisierung der Fasanerie
Robert Pütz kreiert Corporate Identity: ZOO KÖLN – UNSERE ARCHE NOAH

2000
Bau: REGENWALD
Ausstellung: Am Anfang war das Bild
Letzter Eisbär verlässt den Zoo
Aufbau einer Seehund-Forschungsstation
Zweiter WAZA Future Search Workshop in Köln
Kölner Zoo belegt ersten Platz beim Zoo-Ranking der Zeitschrift „stern"
Fritz Schramma wird Oberbürgermeister und Vorsitzender des Zoo-Aufsichtsrates
Heinz Lüttgen und Ludwig Theodor von Rautenstrauch werden Ehrenmitglieder des Aufsichtsrates

2001
Erstzuchterfolg: Marabu
Erste EAZA-Öffentlichkeitskampagne: „Gorillas im Kochtopf" (Bushmeat)
Ausstellungen: Geister der Nacht (Fledermäuse),
Schwarze Sonne Afrikas (afrikanische Kunst)
Buch: Klamann/Nogge: Kölner Tierwelten
Mitglied im Beirat der Stiftung Artenschutz (2001–2006)

2002
Erstmals geboren: Asiatische Löwen
Ausstellung: Leben und leben lassen (Parasiten)
Beginn der Unterstützung des Luambe-Nationalparks in Zambia

2003
Zum ersten Mal nachgezüchtet: Rote Brüllaffen und Bartaffen
Bau: Erdmännchen, Waschbären
Ausstellung: Dinoversum

2004
Bau: ELEFANTENPARK
Ausstellung: Papierwende
Jahrestagung des Verbandes deutschsprachiger Zoopädagogen in Köln
EAZA-Award for Professional Excellence
Übernahme der Restaurationsbetriebe und Gründung einer Zoo-Gastronomie GmbH

2005
Bau: Außengehege für Goldbrustkapuziner
Ausstellung: Runter vom Holzweg
ELEFANTENPARK erhält EAZA-Award for Best Exhibit
Neu entdeckter Wasserskink wird „Tropidophorus noggei" genannt
Oberbürgermeister Fritz Schramma gibt Aufsichtsratsvorsitz wieder ab

2006
Geburt des ersten Elefanten
Fünf weitere Elefanten kommen aus Thailand
Ausstellung: Waldmenschen
Buch: Nogge: Zoo de Cologne
EAZA Award for Conservation für das Vietnam-Projekt
Heini-Hediger-Award
Höchste Besucherzahl in der Geschichte des Kölner Zoos

Ovarienentwicklung und Oenocyten in der Larve der großen Dasselfliege Hypoderma bovis (De Geer), Diplomarbeit, 1967.

Wodurch wird das Biesen der Rinder hervorgerufen?, Umschau 12, 1968.

Wirt-Parasit-Beziehungen zwischen Rind und Dassellarve Hypoderma bovis (De Geer), Dissertation, 1969.

Parasitologische Befunde an Wildschafen im Kabul-Zoo, Freunde des Kölner Zoos 13, 1970.

Resorption von Serumproteinen in die Hämolymphe bei Larven von Hypoderma bovis (De Geer), Experientia 27, 1971 .

Kabul-Zoo, the Show-window of Afghan Fauna, The Outdoorman 3, 1972.

Wie füttert die Wüstenassel Hemilepistus aphganicus ihre Jungen?, mit A. Djalal, Science (Kabul) 8, 1972.

Vogeljagd am Hindukusch, Natur und Museum 103, 1973.

Die Großsäuger Afghanistans, mit C. Naumann, Z. Kölner Zoo 16, 1973.

Die zoologischen Projekte Afghanistans – erfolgreiches Nebenprodukt einer Universitätspartnerschaft, mit C. Naumann, Gawi-Rundbrief 4, 1973.

Ornithologische Beobachtungen im afghanischen Pamir, Bonn, Zool. Beitr. 24, 1973.

Erfahrungen beim Aufbau eines zoologischen Gartens in Kabul/Afghanistan, Zool. Garten N. F. 43, 1973.

Die geographische Verbreitungsgrenze zwischen westlicher und östlicher Honigbiene, Allg. Dtsch. Imkerz. 7, 1974.

Beobachtungen an den Flamingobrutplätzen Afghanistans, J. Ornith. 115, 1974.

Sieben Jahre Kabul-Zoo/Afghanistan, Z. Kölner Zoo 17, 1974.

Der Tiergarten des Haji Sayed Abdul Rahman, mit K. Nogge, Tierschutz in Würzburg 4, 1974.

Ventilationsbewegungen bei Solifugen, Zool. Anz. 196, 1976.

Die Vögel auf den Bazaren von Kabul und Charikar, mit J. Niethammer, Afghanistan-Journal 3, 1976.

Die Bedeutung des Kabul-Zoos für Afghanistan, Afghanistan-Journal 4, 1977.

Aposymbiontic tsetse flies Glossina morsitans obtained by feeding on rabbits immunized specifically with symbionts, J. Insect Physiol. 24, 1978.

Untersuchungen zur Bedeutung der Endosymbiose bei Tsetsefliegen, Habilitationsschrift 1978.

Storchenjagd am Hindukusch – wie lange noch?, Das Tier, Heft 11, 1978.

Specific Antibodies: a Potential Insecticide, mit M. Giannetti, Science 209, 1980.

Protein absorption by the midgut of tsetseflies, Parasitology 82, 1981 .

Experimentally induced antibodies to ectoparasites, Fortschritte der Zoologie 27, 1981 .

120 Jahre „Elephantenhaus". Das älteste Tierhaus des Kölner Zoos, Köln 3, 1983.

Affen an der Tränke: durstige Husaren, Das Tier 7, 1985.

125 Jahre Kölner Zoo, Z. Kölner Zoo 28, 1985.

Das neue Urwaldhaus für Menschenaffen, Z. Kölner Zoo 28, 1985.

Der Kölner Zoo, mit J. J. Hässlin, Greven-Verlag, 1985.

125 Jahre Kölner Zoo., in: Schaaf, H. (Hrsg.): Kölner Wanderbund. Empfindsame Reise in seine hundertjährige Geschichte, Eigenverlag, 1986.

Occasional field observations of interspecific grooming in African Cercopitecidae, mit G. Peters, Z. f. Säugetierkunde 51, 1986.

Zoologischer Garten Köln, in: F. Döpper (Hrsg.): Köln und seine alten Firmen, Pro Historia, 1986.

Die Freiheit der Tiere in Gefangenschaft, WamS 5.4.1987.

Ein Sonderling unter den Geiern, Das Tier, Heft 1, 1987.

Ein Sonderling unter den Geiern: der afrikanische Palmgeier, Das Tier Heft 1, 1987.

EEP: Europäisches Erhaltungszuchtprogramm. Eine neue Form der Zusammenarbeit zoologischer Gärten zur Erhaltung bedrohter Tierarten, Zool. Garten N. F. 58, 1988.

Kooperation und Koordination zoologischer Gärten bei der Zucht bedrohter Tierarten, in: Erfolge und Probleme bei der Zucht von Wildtieren in menschlicher Obhut, BNA-Verlag, 1988.

Der Beitrag zoologischer Gärten zum Artenschutz, Z. Kölner Zoo 31, 1988.

Tiergefängnis oder Arche Noah? Tier- und Artenschutz im Zoo, in: Der Umgang mit der Natur. Orientierungspunkte einer ökologischen Ethik, Bensberger Protokolle der Thomas-Morus-Akademie, 1989.

Was ist Zoopädagogik? Ansichten und Absichten eines Zoodirektors, Z. Kölner Zoo 32, 1989.

Der Zoo als Museum. Tiergärten kämpfen um ihre Anerkennung als Kulturstätten, FAZ 18.8.1989.

Zoodirektor in Köln, in: N. Blechinger (Hrsg.): Vun Minsche us Kölle, Klein und Blechinger Verlag, 1989.

Heini Hediger als Begründer der Tiergartenbiologie und seine Ausstrahlung auf die heutige Zeit, Zoolog. Garten N. F. 59, 1989.

European Endangered Species Management Plan. The Contribution of European Zoological Gardens to the Conservation of Nature, Proc. Convegno Internazionale „Zoo: Quale Futuro?", Accademia Nazionale dei Lincei, Rom 1989.

The Role of Zoological Gardens in the Conservation of Species, Animal Research and Development 30, 1989.

Zoologische Gärten und Museen. Gemeinsamkeiten und Unterschiede, Grundschule 22, 1990.

Der Kulturkampf zoologischer Gärten, LION 7/8, 1990.

EEP: European Breeding of Endangered Species Programme, Zoo Fed. News 57, 1990.

Zoologischer Garten Köln. Kultureinrichtung für die Stadt und Region Köln, in: Wir setzen Zeichen. Dokumentation der Kulturstiftung der Kreissparkasse Köln, 1990.

The Role of zoological Gardens in the Conservation of Species, Zoo's Print 5, 1990.

Moments musicaux, Ansichten zur Musik, Philharmonische Blätter 3, 1990.

Der KMTNC und das Deutsche Komitee, Nepal Informationen 24, 1990.

Ein elektronisches Markierungsverfahren zur Kennzeichnung von Tieren, mit O. Behlert, Z. Angew. Zool. 77, 1990.

Seelöwen mitten in San Francisco, Das Tier, Heft 6, 1991.

Wilde Tiere, süße Babys, Prisma, Heft 13, 1991.

Zoo ohne Elefanten?, Kölner Stadt-Anz. 21./22.9.1991 .

Die Meinung des professionellen Tiergärtners, AZ-Nachrichten 38, 1991 .

Die Nachzucht der Würfelnatter (Natrix tesselata, Laurenti, 1768) im Aquarium des Kölner Zoos, mit S. Lenz, H. Jes und M. Gruschwitz, Z. Kölner Zoo 35, 1992.

Hormonuntersuchungen zur Reproduktionsbiologie von Wildequiden im Zoologischen Garten Köln, mit T. Kauffels und H. Enbergs, Proc. 5. Symp. zur Erhaltung des Przewalskipferdes, 1992.

Zoo-Mobil. Ein Versuch zur Verbesserung der Besucherinformation, Zool. Garten N. F. 62, 1992.

Obhut statt Gefangenschaft. Züchten und informieren – was zoologische Gärten heute zum weltweiten Artenschutz leisten, WWF-Journal 2, 1992.

Arche Zoo: vom Tierfang zum Erhaltungszuchtprogramm, in: D. Poley (Hrsg.): Berichte aus der Arche, Trias-Verlag, 1993.

Die Rückkehr der Dinosaurier, Z. Kölner Zoo 36, 1993.

Vorwort zur deutschen Ausgabe von C. Tudge: Letzte Zuflucht Zoo. Die Erhaltung bedrohter Arten in zoologischen Gärten, Spektrum Verlag, 1993.

Ein neuer Weg im Naturschutz: Schutz durch Nutzung am Beispiel des Annapurna Conservation Area Projektes in Nepal, LION 6, 1994.

The Role of Zoos to promote Nature Conservation, KMTNC Tenth Anniversary Celebrations, 1994.

Countdown 2025: das Projekt zur Rettung des Löwenäffchens, Z. Kölner Zoo 38, 1995.

Letzte Zuflucht Zoo, WWF Tiger Special, 1995.

Der Kölner Zoo im Wandel der Zeit, in: W. Schäfke (Hrsg.): Das neue Köln 1945–1995, Kölner Stadtmuseum, 1995.

Die neuen Gehege für Leoparden und Schneeleoparden im Zoologischen Garten Köln, mit T. Pagel, Z. Kölner Zoo 38, 1995.

Der Menschenzoo, in: Sinneswelten – sinnliche und räumliche Beeinflussungen von Verhalten und Wohlbefinden, Bensberger Studien der Thomas-Morus-Akademie, 1996.

Vier Millionen Jahre Mensch, Z. Kölner Zoo 39, 1996.

Vorwort zu Wachtel, H.: Otto Antonius, Gedenkschrift, Schönbrunner Tiergarten, 1996.

Der Kölner Zoo stellt sich vor, Zoomagazin NRW 3, 1997.

Die Rettung des Löwenäffchens, Zoomagazin NRW 3, 1997.

Zoo Research: the role of the EAZA Research Committee, Appl. Animal Behav. Sci. 51, 1997.

Zoo Animals: Ambassadors of Nature, Crossline, Kathmandu, 1997.

Das-Arche-Noah-Prinzip: Zoologische Gärten im 21.Jahrhundert, in: O. Pela und M. Gretschel (Hrsg.): Hagenbeck – Tiere, Menschen, Illusionen, Springer-Verlag, 1998.

Über den Umgang mit Tieren im Zoo: Tier- und Artenschutzaspekte, in P. Münch und R. Walz (Hrsg.): Tiere und Menschen. Geschichte eines prekären Verhältnisses, Schöningh-Verlag, 1998.

10 Jahre Europäischer Zooverband, Zoomagazin NRW 4, 1998.

Im Blickpunkt 1998: der Fischotter, Stellvertreter der bedrohten heimischen Tierwelt, Zoomagazin NRW 4, 1998.

Ten Years EAZA, EAZA News Nr. 24, 1998.

Zoologische Gärten: von der Menagerie zum Naturschutzzentrum, Natur- und Landschaftskunde 35, 1999.

100 Jahre Kölner Vogelhaus, Zoomagazin NRW 5, 1999.

Die Welt der Wale, Zoomagazin 5, 1999.

Gen-Pool-Management im Zoo der Zukunft, in: B. Baumunk und J. Joerges (Hrsg.): 7 Hügel-Bilder und Zeichen des 21.Jahrhunderts, II Dschungel. Sammeln, Ordnen und Bewahren: von der Vielfalt des Lebens zur Kultur der Natur, 2000.

140 Jahre Kölner Zoo, Zoomagazin NRW 6, 2000.

Zoo und die Erhaltung bedrohter Arten, in: L. Dittrich, D. von Engelhardt und A. Rieke-Müller (Hrsg.): Die Kulturgeschichte des Zoos, Verlag Wissenschaft und Bildung, 2001 .

Geister der Nacht, Zoomagazin NRW 7, 2001.

European Association of Zoos and Aquaria, in: C. Bell (Hrsg.): Encyclopedia of the Wolrd's Zoos, Fitzroy Dearborn Publ., 2001.

King Mahendra Trust for Nature Conservation, in: C. Bell (Hrsg.): Encyclopedia of the World's Zoos. Fitzroy Dearborn Publ., 2001 .

Marabus im zoologischen Garten, mit T. Pagel, Z. Kölner Zoo 44, 2001 .

Unter Geiern, mit T. Pagel, Zoomagazin NRW 7, 2001 .

Kölner Tierwelten, mit K. Klammann, Wienand Verlag, 2001

Kölner Löwe rettet Kabul-Zoo, Z. Kölner Zoo 45, 2002.

Von der Menagerie zum Naturschutzzentrum – 250 Jahre Zoogeschichte, Wiener Zeitung 26/27.7.2002.

Christian R. Schmidt 60 Jahre, Zool. Garten N. F. 73, 2003.
In memoriam Ulie Seal, Zool. Garten N. F. 73, 2003.

Von Abul Abaz bis zum Elefantenpark Köln, in: Blick auf 2004. Ein Jahrbuch, Bachem Verlag, 2003

Fifteen Years E(C)AZA, EAZA News Nr. 44, 2003.

Investigations on aspects of digestive physiology of the okapi (Okapia johnstoni), mit J. Hummel und M. Clauss, Mammalian Biology 69, 2004.

Menschenaffen in Menschenhand. Langzeitentwicklung europäischer Menschenaffenpopulationen, mit W. Kaumanns und E. Krebs, Zool. Garten N. F. 74, 2004.

Seit ich die Tiere kenne, verstehe ich die Menschen, in: W. Panse und W. Stegmann: Angst, Macht, Erfolg, Volk Verlag, 2004.

Elefanten in Köln, Z. Kölner Zoo 47, 2004.

Elephant connection, Thailand-Rdsch. 19, 2006.

Zoo de Cologne, Bachem Verlag, 2006.

Der Elefantenpark Köln, Zool. Garten N. F. 76, 2007.

In vitro digestibility of fern and gymnosperm foliage: implications for sauropod feeding ecology and diet selection, mit J. Hummel, C. Gee, K. Südekum, M. Sander und M. Clauss, Proc. R. Soc. B., 2008.

Cheetahs in Afghanistan, mit A. R. Manati, Cat News, Autumn 2008.

AA	Auswärtiges Amt
ACAP	Annapurna Conservation Area Project
AEECL	Association Européenne pour l' Etude et la Conservation des Lémuriens
AIDS	Acquired Immune Deficiency Syndrome
ARA	Arbeitsgemeinschaft Regenwald und Artenschutz e. V.
ARAZPA	Australasian Regional Association of Zoological Parks and Aquaria
ARD	Arbeitsgemeinschaft der Rundfunkanstalten Deutschlands
ARKS	Animal Records Keeping System
AZ	Vereinigung für Artenschutz, Vogelhaltung und Vogelzucht e. V.
AZA	American Zoo and Aquarium Association
BNA	Bundesverband für fachgerechten Natur- und Artenschutz
BMFT	Bundesministerium für Forschung und Technologie
BMZ	Bundesministerium für wirtschaftliche Zusammenarbeit
BRD	Bundesrepublik Deutschland
CAMP	Conservation Assessment Management Plan
CBSG	Conservation Breeding Specialist Group
CIRCC	Committee on Inter-Regional Conservation Cooperation
CITES	Convention on International Trade in Endangered Species
CNN	Cable News Network
CRES	Centre for Natural Resources and Environmental Studies
DEVK	Deutsche Eisenbahner Versicherungskasse
DDR	Deutsche Demokratische Republik
DDT	Dichlordiphenyltrichlorethan
DIN	Deutsche Industrie-Norm
EAZA	European Association of Zoos and Aquaria
ECAZA	European Community Association of Zoos and Aquaria
EDV	Elektronische Datenverarbeitung
EG	Europäische Gemeinschaft
EEP	Europäisches Erhaltungszuchtprogramm
ESB	European Studbook
EU	Europäische Union
FAO	Food and Agriculture Organization
FIST	Forschungsstelle für interkulturelle Studien
FSC	Forest Stewardsip Council
IAEA	International Atomic Energy Agency
ISIS	International Species Information System
IT	Information Technology
IUDZG	International Union of Directors of Zoological Gardens
IUCN	International Union for the Conservation of Nature – the World Conservation Union
IZW	Institut für Zoo- und Wildtierforschung
KMTN	King Mahendra Trust for Nature Conservation
NABU	Naturschutzbund Deutschland
OB	Oberbürgermeister
PC	Personal Computer
PHVA	Population and Habitat Viability Analysis
REGASP	Regional Animal Species Collection Plan
RPA	Rechnungsprüfungsamt
SAZARC	South Asian Zoo Association for Regional Cooperation
SIT	Sterile Insect Technique
SSC	Species Survival Commission
SSP	Species Survival Plan
UNEP	United Nations Environment Programme
UNESCO	United Nations Educational, Scientific and Cultural Organization
UNICEF	United Nations International Children's Fund
VDZ	Verband Deutscher Zoodirektoren
VZP	Verband Deutschsprachiger Zoopädagogen
WA	Washingtoner Artenschutzübereinkommen
WAZA	World Association of Zoos and Aquariums
WDR	Westdeutscher Rundfunk
WISO	Wirtschafts- und Sozialwissenschaften
WSPA	World Society for the Protection of Animals
WWF	Word Wide Fund for Nature
WWF	Westdeutsches Werbefernsehen
ZAWA	Zambian Wildlife Authority
ZDF	Zweites Deutsches Fernsehen
ZIMS	Zoological Information Management System

Bildnachweis:

Fotos:
Arghandewal, Ehsan: 21
Becker, Tom: 51
Burkhard, Manfred: 140
Dannefelser, Birgit: 137 u.
Erfurth: 94
Feller, Hans: 76, 80, 81, 115 o., 129, 132, 143, 145, 152/3, 155, 157
Gauger, Peter: 163
Holubovsky, F. W.: 105, 137 o.
Klammer, David: 6, 116, 167
Kullmann, Ernst: 124
Nogge, Karin: 19, 39, 100 o.
Nogge, Gunther: alle übrigen Fotos
Petocz, Ron: 23
Pleske, Hardy: 36
Pütz, Angela: 106 o.
Roth, Hans-Georg: 98
Schiestel, Walter: 100, 102
Schlosser, Rolf: 107 u., 139 u.
Schmidt, Am: 119
Schmidt, Christian: 8, 13
Schreiber, Renate: 30 u.
Spiess, Wilhelm: 18, 25, 37, 41, 45, 47, 48 u., 56/57, 71, 72, 73, 74, 86, 89, 90, 96, 104 o., 107, 114, 117 u., 125, 126, 127, 130, 131, 141, 161, 164
Stenglein, Hans: 43
von Tschirnhaus, Michael: 12
Wand, Michael: 88
Wirtz, Reiner: 49
Worring, Stefan: 101
Ziegler, Thomas: 166

Karikaturen:
Düker, Ralf: 109
Karsten, Peter: 65
Schwalge, Otto: 38, 111, 123

Plakate:
Pütz, Robert: 104 o., 106 o., 107, 108, 162, 163, 165

Opladener Str. 8, 50679 Köln

Autor: Gunther Nogge
Projektleitung und Redaktion: Heinrich Hengst
Titelgestaltung und Layout: Manfred Noppeney
Satz: Manfred Spinrath, Pulheim
Titelbild: Hans Feller
ISBN 978-3-938323-13-7

Printed in Germany

www.lingen-koeln.de

FSC
Mix
Produktgruppe aus vorbildlich bewirtschafteten Wäldern und anderen kontrollierten Herkünften
www.fsc.org Zert.-Nr. SGS-COC-001425
©1996 Forest Stewardship Council